高职高专电子信息类“十三五”课改规划教材

自动控制原理与系统

主　编　齐文庆

西安电子科技大学出版社

内 容 简 介

本书运用经典控制理论对线性控制系统进行介绍，以直流调速系统和位置随动系统为主要实例，着重叙述自动控制系统的结构组成、控制原理、调节过程，并用数学模型推导系统的性能参数，同时还介绍了自动控制系统的校正方法。

全书共8章，内容分别为自动控制系统概述、自动控制系统的数学模型、自动控制系统的时域分析、自动控制系统的频域分析、自动控制系统的校正、直流调速系统、位置随动系统、自动控制系统的分析和调试等。

本书可作为高职高专电气自动化技术及其相近专业的主干课程教材，也可作为相关专业师生及有关工程技术人员的参考用书。

图书在版编目(CIP)数据

自动控制原理与系统/齐文庆主编. —西安：西安电子科技大学出版社，2017.12
(2020.1重印)
ISBN 978-7-5606-4721-0

Ⅰ. ① 自… Ⅱ. ① 齐… Ⅲ. ① 自动控制理论 ② 自动控制系统
Ⅳ. ① TP13 ② TP273

中国版本图书馆CIP数据核字(2017)第251605号

策　　划　毛红兵
责任编辑　武翠琴
出版发行　西安电子科技大学出版社(西安市太白南路2号)
电　　话　(029)88242885　88201467　　邮　　编　710071
网　　址　www.xduph.com　　电子邮箱　xdupfxb001@163.com
经　　销　新华书店
印刷单位　咸阳华盛印务有限责任公司
版　　次　2017年12月第1版　2020年1月第2次印刷
开　　本　787毫米×1092毫米　1/16　印张 10.5
字　　数　243千字
印　　数　3001～5000册
定　　价　24.00元
ISBN 978-7-5606-4721-0/TP

XDUP 5013001-2

如有印装问题可调换

前　言

本书是基于作者多年的教学经验编写而成的一本针对高等职业技术教育的教材。

本书遵从我国职业教育教学的特点，力求从实际应用的角度介绍自动控制系统的原理与性能，其内容涵盖了自动控制系统的组成、分类，自动控制系统的数学模型及其建立方法，自动控制系统的时域分析法和频域分析法，自动控制系统的校正方法与设计方法等。通过这些基础理论的学习，可使学生熟悉较复杂自动控制系统的分析和校正方法。由于本课程涉及了高等数学、电工电子、电机、电气控制、传感器等诸多领域的内容，且理论推导多，抽象而不具体，因此在内容上加入了许多生产与生活中的应用实例，从而引导学生将基本控制理论应用于实例中加以分析，以提高学生的分析能力。

参与本书编写的有陕西工业职业技术学院的齐文庆(第 1、4、5、6 章及部分习题参考答案)、方维奇(第 2 章)、高文华(第 3 章)、董佳辉(第 7 章)和陕西能源职业技术学院的罗剑(第 8 章)。齐文庆策划并统稿全书。陕西工业职业技术学院的邵庆畅为本书的图形编辑和文字校对做了许多工作，在此表示感谢。

本书的建议学时如下：

章　节	授课课时
第 1 章　自动控制系统概述	6
第 2 章　自动控制系统的数学模型	10
第 3 章　自动控制系统的时域分析	12
第 4 章　自动控制系统的频域分析	14
第 5 章　自动控制系统的校正	8
第 6 章　直流调速系统	8
第 7 章　位置随动系统	6
第 8 章　自动控制系统的分析和调试	4
机动	4
小计	72

由于编者水平有限，书中不妥之处在所难免，敬请读者批评指正。

编　者

2017 年 7 月

目　　录

第 1 章　自动控制系统概述

1.1 导　　言

在科学技术日新月异的今天，自动控制系统的应用早已从最初的工业领域扩展到了非工业领域，渗透到工程、社会、经济、管理等生产生活的各个方面，构成了诸如办公自动控制系统、楼宇自动控制系统、交通自动控制系统、医疗自动控制系统、农业自动控制系统、家庭自动控制系统、商业自动控制系统、管理自动控制系统、社会与经济自动控制系统等。例如：在家庭中，空调用来自动调节房间温度，全自动洗衣机按照设定的程序自动完成洗衣任务，实现“智能型”的全自动洗衣；在工业上，数控机床和数控加工中心能自动完成多种工序和复杂形状的产品加工；在军事上，战机自动控制系统能对目标实现自动化攻击，新型的导弹可以做到“发射后不管”，自动搜寻、跟踪和击毁目标等。自动控制技术的应用使生产过程的效率更高、成本更低、产品质量更好，同时也使得我们的生活与工作更加方便、高效、省心、省力。

自动控制技术涉及多学科，其发展过程充分体现了科学技术的综合作用，它既离不开机械、电气、自动控制及其他信息技术，又紧密依托于数学、系统科学等理论学科，而且还需要结合相关应用领域的专门知识。了解自动控制技术，对于设计、分析、应用自动控制系统具有重要作用。

1.2 自动控制系统的组成结构与基本原理

所谓自动控制，就是在无人直接参与的情况下，利用控制装置使被控对象或过程自动地按照预定的规律运动或变化。其中，被控对象是指控制系统的主体，是在系统中要求对其参数进行控制的设备或过程，如温度控制系统中的加热炉、转速控制系统中的拖动电机、过程控制系统中的化学反应炉等。自动控制系统是指用以完成一定任务的一些部件(或称元件)的组合。我们将系统中需要控制的物理量定义为被控量或输出量，用来使系统具有预期性能或预期输出的激励信号称为系统的控制量或输入量，将使被控量偏离预期值的各种因素称为扰动量，设法消除扰动因素影响从而保持被控量按预期要求变化的过程称为控制过程。

1.2.1 自动控制系统的组成结构

自动控制系统的一般组成结构框图如图 1－1 所示。

给定装置是设定给定值的装置。

比较装置是将测量信号与给定信号进行比较，并得到差值(偏差)信号的装置，起信号综合作用。比较装置常用符号“⊗”表示。

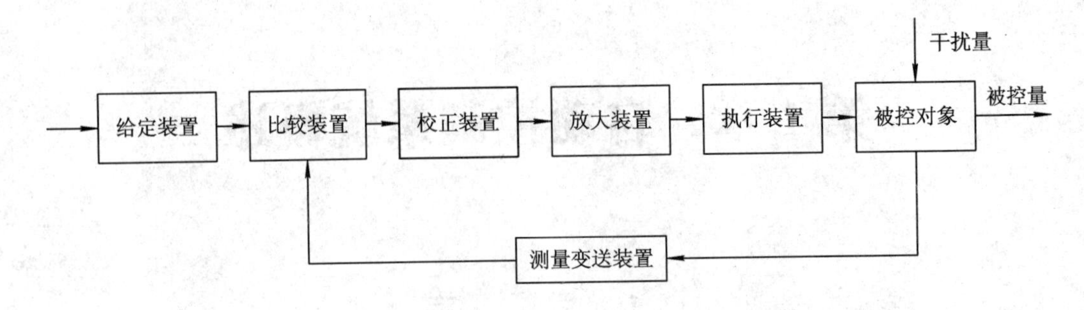

图 1-1　自动控制系统的一般组成结构框图

校正装置是指由于原系统性能指标不佳而需增添的结构部分。

放大装置是对差值信号进行放大的装置，通过放大装置后，使差值信号足以推动下一级工作。

执行装置是直接推动被控对象的部分，它改变系统的被控物理量，使输出量与期望值趋于一致。

被控对象是指控制系统中所要感知的对象，一般指工作机构或生产设备等。

测量变送装置是反馈元件，其作用是把被控物理量测量出来。

另外，还有电源装置(图中未标出)，是为以上各环节提供电源动力的元件电路或装置。

1.2.2　几种典型自动控制系统的基本原理

1. 烘烤炉温度控制系统

图 1-2 是烘烤炉温度控制系统的原理图。控制系统的任务是保持炉膛温度的恒定；系统的被控对象为烘烤炉；系统的被控量为烘烤炉的炉膛温度；系统的干扰量有工件数量、环境温度和煤气压力等；系统的检测元件为热电偶，它将炉膛温度转变为相应的电压

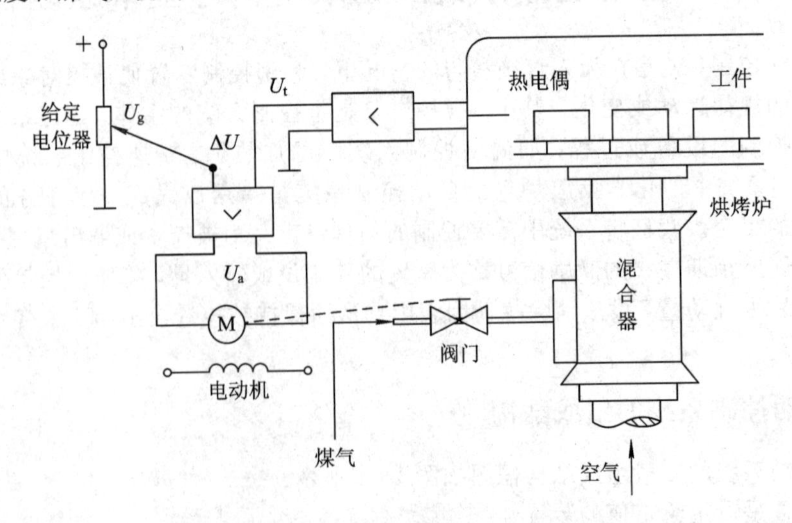

图 1-2　烘烤炉温度控制系统原理图

量 U_t；系统的给定装置为给定电位器，其输出电压 U_g 作为系统的参考输入，对应于给定的炉膛温度；系统的偏差为 ΔU，即炉温与给定温度的偏差，由 U_g 和 U_t 计算得到($\Delta U=U_g-U_t$)，两电压极性反接，就可完成减法运算；系统的执行机构为电动机、传动装置和阀门，调节煤气管道上的阀门开度可以改变炉膛温度。

炉温既受工件数量及环境温度的影响，又受由混合器输出的煤气流量的影响，通过调整煤气流量便可控制炉温。

假定炉温恰好等于给定值，这时 $U_g=U_t$(即 $\Delta U=0$)，故电动机和调节阀都静止不动，煤气流量恒定，烘烤炉处于给定温度状态。

如果增加工件，烘烤炉的负荷加大，则炉温下降，温度下降将导致 U_t 减小，由于给定值 U_g 保持不变，则使 $\Delta U>0$，产生 U_a，使电动机转动，开大煤气阀门，增加煤气供给量，从而使炉温回升，直至重新等于给定值(即 $U_g=U_t$)为止。这样在负荷加大的情况下仍然保持了规定的温度。

如果负荷减小或煤气压力突然加大，则炉温升高，U_t 随之加大，使 $\Delta U<0$，故电动机反转，关小阀门，减少煤气量，从而使炉温下降，直至等于给定值为止。

烘烤炉温度控制系统的方框图如图 1-3 所示。

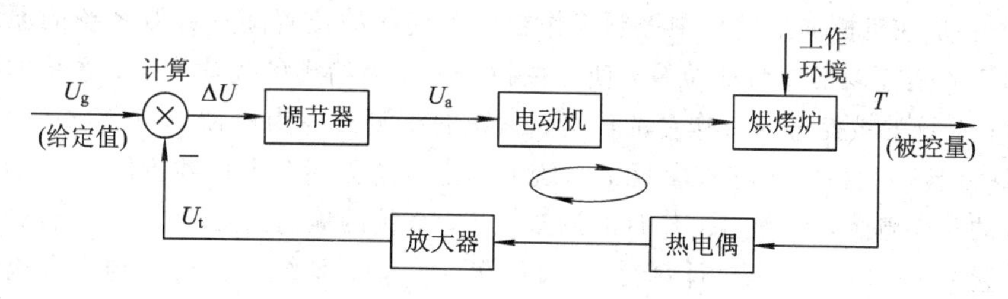

图 1-3　烘烤炉温度控制系统方框图

2. 锅炉自动上水系统

图 1-4 是锅炉自动上水系统的原理图。

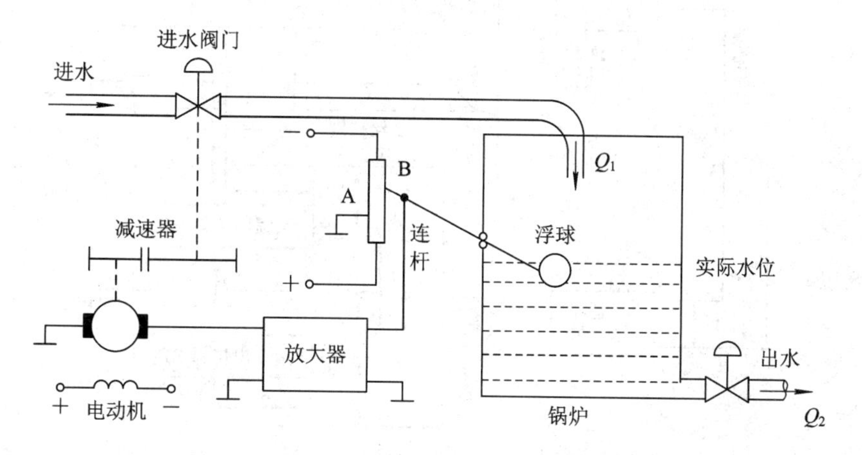

图 1-4　锅炉自动上水系统原理图

锅炉里的水位按人的意愿来确定，该理想水位由电位器上接地点 A 的位置来定位，当锅炉里的水位处于理想水位时，浮球使连杆的另一端正好处于 A 点位置，此时放大器输入电压为 0，电动机和减速器不转动，由减速器带动的进水阀门也处于一定开度状态，会保持原位不动，锅炉进水量与出水量相同，达到水位的动态平衡。

当水位高于所设定水位时，浮球上升，使连杆另一端下降低于 A 点，放大器接收一正电压信号，经放大后驱动电动机正向转动，由减速器按比例降速旋转进水阀门，减小其开度，使进水量 Q_1 小于出水量 Q_2，锅炉内水位逐渐下降至设定水位。当水位低于所设定水位时，其对进水阀门的调节过程与上述过程相反，请读者自行分析。

图 1-5 是锅炉自动上水系统的方框图。

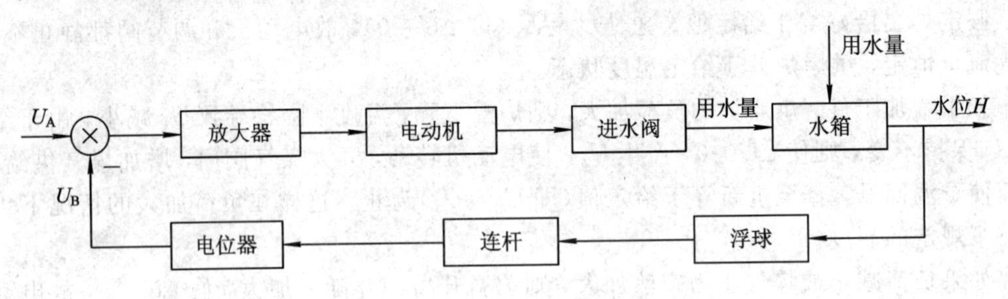

图 1-5　锅炉自动上水系统方框图

3. 位置随动控制系统

图 1-6 是在机械加工过程中控制工作台位置变化的位置随动控制系统的原理图。控制系统的任务是控制工作台的位置，使之按指令电位器给出的规律变化；系统的被控对象为工作台；系统的被控量为工作台的位置；系统的检测元件为反馈电位器 RP_2，它将工作台的位置 x_c 转变为相应的电压量 U_c；系统的给定装置为指令电位器 RP_1，其输出电压 U_r 作为系统的参考输入，以确定工作台的期望位置；系统的偏差为 ΔU，即工作台的期望位置与实际位置之差，由 U_r 和 U_c 计算得到（$\Delta U = U_r - U_c$）；系统的执行机构为直流伺服电动机、齿轮减速器和丝杠副。

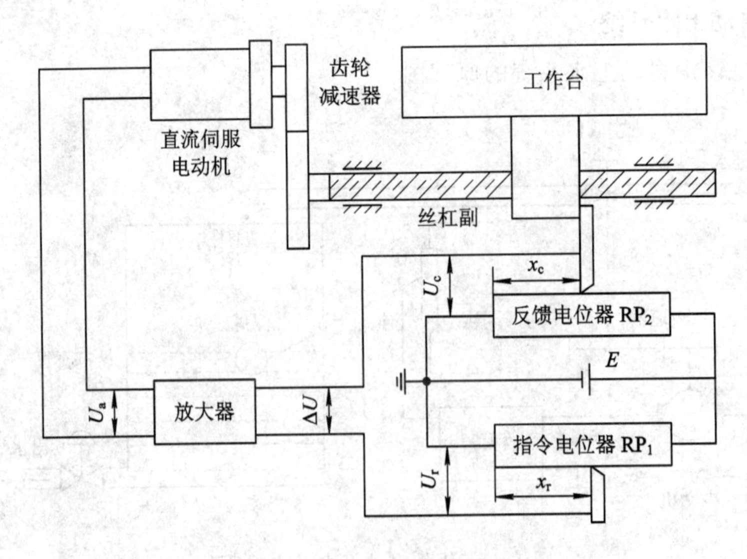

图 1-6　位置随动控制系统原理图

该位置随动控制系统的工作原理是：通过指令电位器 RP_1 的滑动触点给出工作台的位置指令 x_r，并转换为控制电压 U_r。被控制工作台的位移 x_c 由反馈电位器 RP_2 检测，并转

换为反馈电压 U_c，两电位器接成桥式电路。当工作台位置 x_c 与给定位置 x_r 有偏差时，桥式电路的输出电压为 $\Delta U = U_r - U_c$。设开始时指令电位器和反馈电位器的滑动触点都处于左端，即 $x_r = x_c = 0$，则 $\Delta U = U_r - U_c = 0$，此时，放大器无输出，直流伺服电动机不转，工作台静止不动，系统处于平衡状态。

当给出位置指令 x_r 时，在工作台改变位置之前的瞬间，$x_c = 0$，$U_c = 0$，则电桥输出为 $\Delta U = U_r - U_c = U_r - 0 = U_r$，该偏差电压经放大器放大后控制直流伺服电动机转动，直流伺服电动机通过齿轮减速器和丝杠副驱动工作台右移。随着工作台的移动，工作台实际位置与给定位置之间的偏差逐渐减小，即偏差电压 ΔU 逐渐减小。当反馈电位器滑动触点的位置与指令电位器滑动触点的给定位置一致，即输出完全复现输入时，电桥平衡，偏差电压 $\Delta U = 0$，伺服电动机停转，工作台停止在由指令电位器给定的位置上，系统进入新的平衡状态。当给出反向指令时，偏差电压极性相反，伺服电动机反转，工作台左移，当工作台移至给定位置时，系统再次进入平衡状态。如果指令电位器滑动触点的位置不断改变，则工作台位置也跟着不断变化。

位置随动系统的方框图如图 1－7 所示。

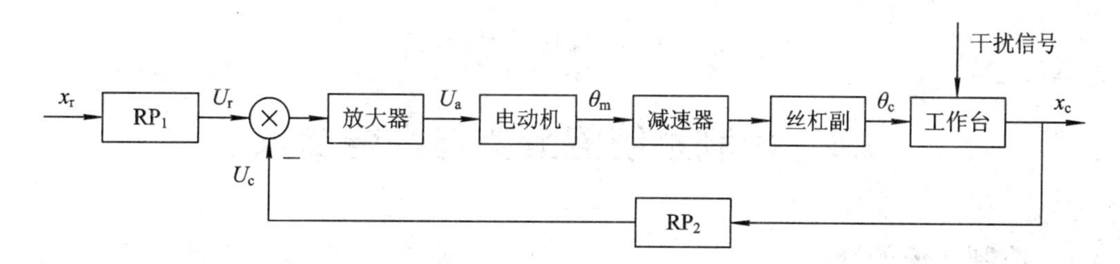

图 1－7　位置随动系统方框图

4. 直流电动机自动调速系统

图 1－8 是直流电动机自动调速系统的原理图。控制系统的任务是保持工作机械恒转速运行；系统的被控对象为工作机械；系统的被控量为电动机的转速 n；系统的检测元件为测速发电机，它能将电动机的转速转变为相应的电压量 U_f；系统的给定装置为给定电位器，其输出电压 U_g 作为系统的参考输入；系统的偏差为 ΔU，即系统给定量与反馈量之差，由 U_g 和 U_f 计算得到($\Delta U = U_g - U_f$)；系统的执行机构为直流电动机。

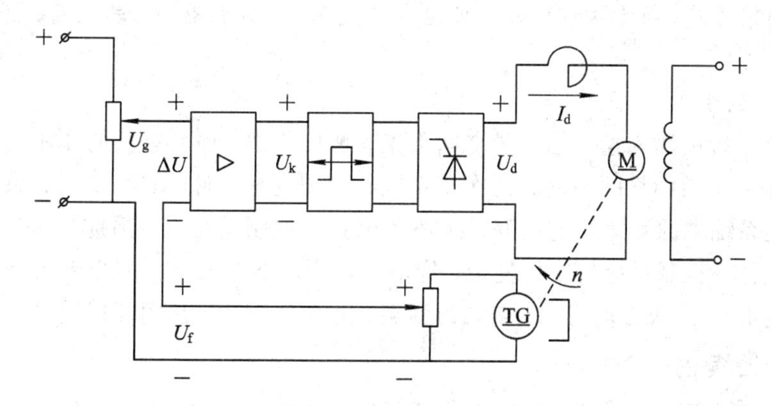

图 1－8　自动调速系统原理图

自动调速系统的工作原理是：测速发电机测量电动机的转速 n，并将其转换为相应的电压 U_f，与给定电位器的输出电压 U_g 进行比较，得到的偏差信号 ΔU 经放大装置放大后控制电动机的工作电压 U_d，而电压 U_d 即代表了系统所要求的转速。

如果工作机械的负载增大，使电动机转速下降，则测速发电机输出电压 U_f 减小，与给定电压 U_g 比较后的偏差电压（$\Delta U=U_g-U_f$）增大，经放大后的触发控制电压 U_k 增大，从而使可控硅整流装置输出电压 U_d 增大，增大的 U_d 加在电动机电枢两端，则电动机的转速 n 将提高，从而使电动机转速得到补偿，保持控制系统的速度基本恒定。

自动调速系统的方框图如图 1－9 所示。

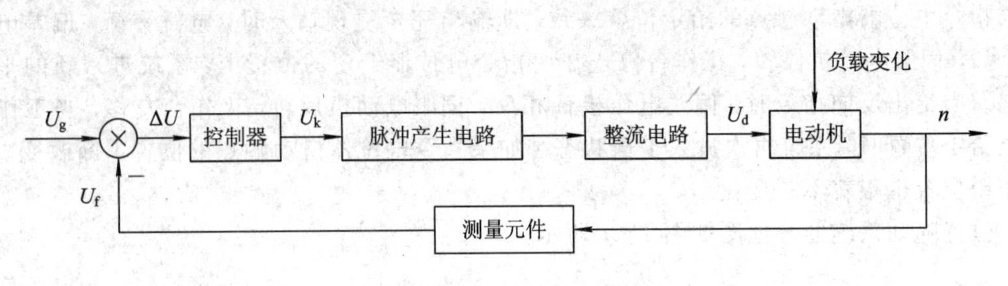

图 1－9　自动调速系统方框图

1.3　控制系统的分类与性能要求

1.3.1　控制系统的分类

1. 按结构上是否有反馈环节来分类

按结构上是否有反馈环节来分类，控制系统可分为开环控制系统和闭环控制系统。

1）开环控制系统

开环控制系统的输入量与输出量之间只有顺向作用，而没有反向联系。在开环控制系统中，控制信息只能单方向传递，没有反向作用，输入信号通过控制装置作用于被控对象，而被控对象的输出对输入没有影响。开环系统的特点是控制系统结构简单，设计维护方便，但是控制精度差，抗干扰性能差。如全自动洗衣机、计时器、自动机床、自动生产线等均是开环控制系统。

2）闭环控制系统

闭环控制系统的输入量与输出量之间不仅有顺向作用，而且有反向作用。闭环控制系统与开环控制系统最明显的不同之处在于系统有检测变送元件，如温度控制系统中的热电偶、速度控制系统中的测速发电机等。闭环系统具有控制精度高、适应性强、抗干扰性好等优点，但比开环控制系统的结构复杂，价格高，设计维护困难。如自动火炮系统（雷达、计算机、火炮群）、高级自动机床、自动恒温箱、随动系统等均是闭环控制系统。

2. 按输入信号的特征来分类

按输入信号的特征来分类，控制系统可分为定值控制系统、随动控制系统和程序控制系统。

1）定值控制系统

系统的给定值（参考输入）为恒定的常数，此种控制系统称为定值控制系统。这种系统可通过反馈控制使系统的被控参数（输出）保持恒定的、期望的数值。如在过程控制系统中，一般都要求将过程参数（如温度、压力、流量、液位和成分等）维持在工艺给定的状态，所以，多数过程控制系统都是定值控制系统。

2）随动控制系统

系统的给定值（参考输入）随时间任意变化的控制系统称为随动控制系统。此类系统输入量的变化规律无法预先确定。系统的任务是在各种情况下，保证系统的输出能快速准确地跟随参考输入的变化而变化，所以这种系统又称为跟踪系统。如运动目标的自动跟踪瞄准和拦截系统，工业控制中的位置控制系统，过程控制中的串级控制系统的副回路，工业自动化仪表中的显示记录仪表等都是闭环随动控制系统。

3）程序控制系统

若系统给定值（参考输入）是随时间按事先设定好的规律变化，则称这种系统为程序控制系统。如热处理炉的温度调节，要求温度按一定的时间程序的规律变化（自动升温、保温及降温等）；间隙生产的化学反应器温度控制以及机械加工中机床的程序控制等均属于此类系统。程序控制系统是随动控制系统的一种特殊情况，其分析研究方法也和随动控制系统相同。

3. 按系统元件的特性来分类

按系统元件的特性来分类，控制系统可分为线性控制系统和非线性控制系统。

1）线性控制系统

系统中各组成环节或元件的特性可以用线性微分方程（或差分方程）来描述时，这种系统就称为线性控制系统。线性控制系统的特点是可以使用叠加原理，当系统存在几个输入时，系统的总输出等于各个输入分别作用于系统时系统的输出之和，当系统输入增大或减小时，系统的输出也按比例增大或减小。

2）非线性控制系统

当系统中存在有非线性特性的组成环节或元件时，系统的特性就由非线性方程来描述，这样的系统就称为非线性控制系统。对于非线性控制系统，叠加原理是不适用的。

4. 按信号传输过程是否连续来分类

按信号传输过程是否连续来分类，控制系统可分为连续控制系统和离散控制系统。

1）连续控制系统

当系统中各组成环节的输入、输出信号都是时间的连续函数时，称此类系统为连续控制系统，亦称模拟控制系统。连续控制系统的运动状态或特性一般是用微分方程来描述的。模拟式的工业自动化仪表以及用模拟式仪表来实现自动化过程控制的系统都属于连续控制系统。

2）离散控制系统

当系统中某些组成环节或元件的输入、输出信号在时间上是离散的，即仅在离散的瞬时取值时，称此类系统为离散控制系统。离散信号可由连续信号通过采样开关获得，具有采样功能的控制系统又称为采样控制系统。

5. 按系统传输信号数量来分类

按系统传输信号数量来分类，控制系统可分为单变量控制系统和多变量控制系统。

1）单变量控制系统

在一个控制系统中，如果只有一个被控制的参数和一个控制作用来控制对象，则称这种系统为单变量控制系统，又叫单输入单输出系统。

2）多变量控制系统

如果一个控制系统中的被控参数多于一个，控制作用也多于一个，且各控制回路相互之间有耦合关系，则称这种系统为多变量控制系统，也叫多输入多输出系统。

1.3.2 控制系统的性能要求

对控制系统的主要性能要求有：稳定性、快速性和准确性。

1. 稳定性

稳定性指的是系统动态过程的振荡倾向和系统重新恢复平衡工作状态的能力。一个控制系统能正常工作的首要条件是系统必须是稳定的，如果系统受扰后偏离了原来的工作状态，而控制装置再也不能使系统恢复到原来的工作状态，并且越偏越远；或当输入信号变化以后，控制装置再也无法使受控对象跟随输入信号的运行，并且是越差越大，这样的系统称为不稳定系统，不稳定系统是无法工作的。图 1－10 所示为稳定系统和不稳定系统的示意图。

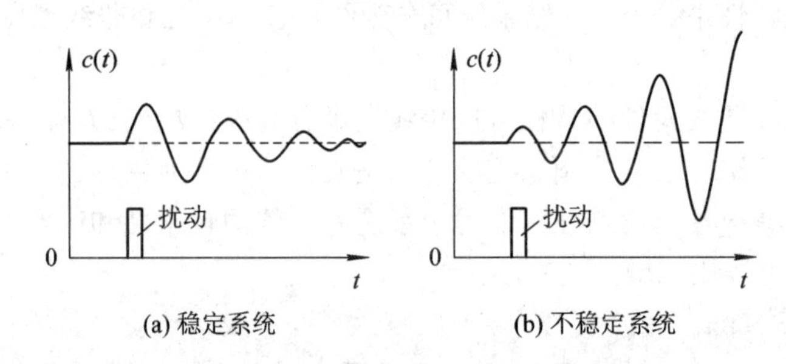

(a) 稳定系统　　(b) 不稳定系统

图 1－10　自动控制系统稳定性示意图

2. 快速性

快速性指的是系统动态过程进行的时间长短。在实际控制过程中，不仅要求系统稳定，而且要求被控量能迅速按照输入信号所规定的形式变化，即要求系统具有一定的响应速度。如果过程时间持续很长，将使系统长久地出现大偏差，同时也说明系统响应迟钝，难以跟踪(复现)快速变化的输入信号。系统动态过程的时间越短，反应就越快。图 1－11 所示为自动控制系统快速性的示意图。请读者自行判断哪条曲线所代表的系统快速性更好一些?

3. 准确性

准确性指的是系统过渡到新的平衡工作状态以后，或系统受扰重新恢复平衡以后，系统最终保持的精度。准确性反映了系统动态过程后期的性能。要求系统在一段过渡过程之后，要准确跟踪给定值，或受到扰动后，只有一个短时间的偏离平衡状态，最终还要回到原来的平衡位置，不能有太大的偏差，误差要小。

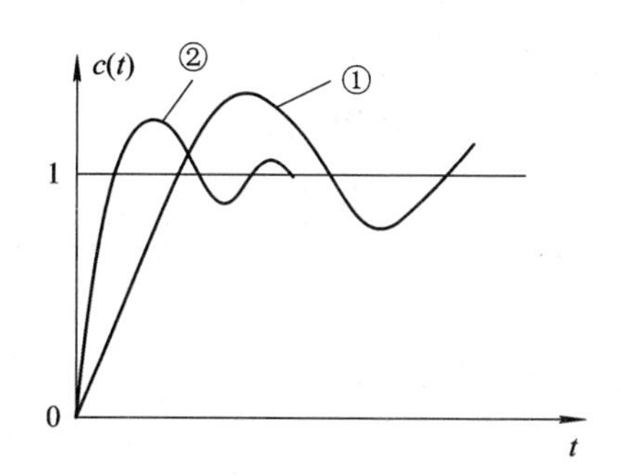

图 1 - 11　自动控制系统快速性示意图

对于同一个系统来说，稳、快、准又是相互制约的。根据被控对象的具体情况不同，各种系统对稳定性、快速性和准确性的要求是有所侧重的。例如，随动系统对快速性要求较高，而调速系统对稳定性的要求就严格些。分析稳定性、快速性和准确性之间的矛盾，优化系统的可能控制性能，是本课程讨论的主要内容。

本章小结

(1) 开环控制系统结构简单，稳定性好，但不能自动补偿扰动对输出量的影响。当系统扰动产生的偏差可以预先进行补偿或影响不大时，采用开环控制是有利的。当扰动量无法预计或控制系统的精度达不到预期要求时，则要求采用闭环控制。

(2) 闭环控制系统具有反馈环节，它能依靠反馈环节进行自动调节，以克服扰动对系统的影响。闭环控制极大地提高了系统的精度，但是使系统的稳定性变差，这一点需要重视并建议解决。

(3) 自动控制系统通常由给定装置、比较装置、校正装置、放大装置、执行装置及被控对象和测量变送装置等组成。系统的变量有给定量、反馈量、扰动量、输出量和各中间变量。

(4) 自动控制系统的性能指标有稳定性、快速性和准确性。稳定性是系统工作的首要条件，快速性用来描述系统在动态过程中的响应速度和被控量的波动程度，准确性说明的是系统的稳态精度，常用稳态误差来描述。

习　题　1

1 - 1　什么是自动控制？比较开环控制与闭环控制的特征、优缺点和应用场合。

1 - 2　请列举出三个以上生活中自动控制系统的实例，说明它们的组成结构、控制对象、控制任务和工作原理分别是什么？它们分别属于哪一类控制系统？

1 - 3　组成闭环控制系统的主要环节有哪些？它们各自起什么作用？

1 - 4　请查阅资料回答：直流自动调速系统应用在哪些控制设备中？

1 - 5　衡量一个自动控制系统的性能指标主要有哪些？它们是如何定义的？

1 - 6　热水器温度控制系统如图 1 - 12 所示，为了保持期望的温度，由温控开关接通或断开电加热器的电源，在使用热水时，水箱中流出热水补充冷水。试说明系统工作原理并画出系统原理方框图。

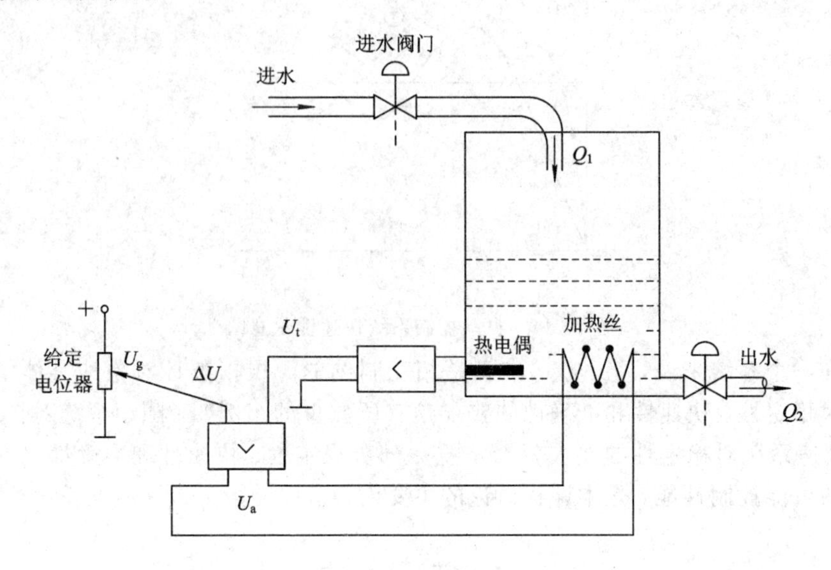

图 1-12　题 1-6 图

1-7　数字计算机控制的机床刀具进给系统方框图如图 1-13 所示，要求将工件的加工过程编制成程序预先存入计算机，加工时，步进电动机按照计算机给出的信息工作，完成加工任务。试说明该系统的工作原理。

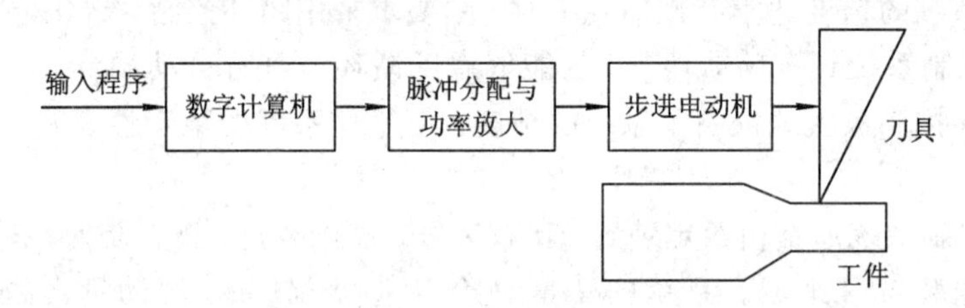

图 1-13　题 1-7 图

1-8　图 1-14 为仓库大门自动控制系统，试说明自动控制大门开启和关闭的工作原理。如果大门不能全开或全闭，应当进行怎样的调整？

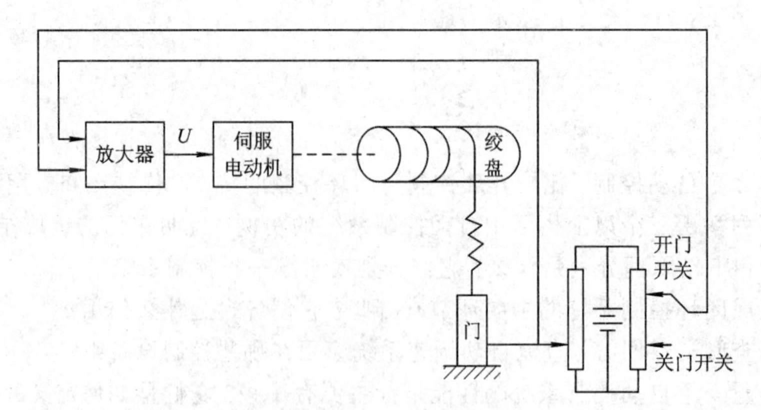

图 1-14　题 1-8 图

1-9　一个位置自动控制系统如图 1-15 所示，试分析系统的工作原理，画出系统的方框图。

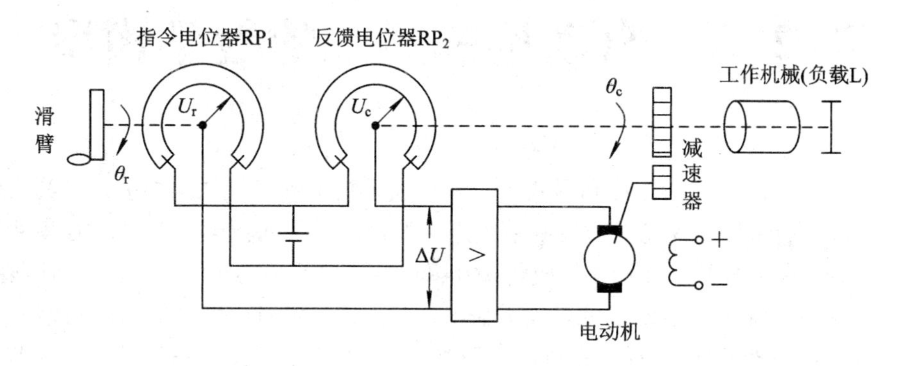

图 1-15　题 1-9 图

第2章　自动控制系统的数学模型

数学模型用来以数学的方法和形式表示和描述系统中各变量之间的关系。利用数学模型，可以分析控制系统的性能并对控制系统进行设计。系统的数学模型可以有多种不同的形式，常见的三种形式是：微分方程或传递函数，状态空间描述或内部描述，方框图或信号流程图。同一系统的数学模型可以表示为不同的形式，我们可以根据不同的情况对这些模型进行取舍，以便于对控制系统进行分析和计算。本章学习控制系统的微分方程、方框图及传递函数的求取和简化。

2.1　微分方程的建立

要建立控制系统的微分方程，首先要根据系统中各元件或环节的输入量与输出量之间的关系，建立其运动方程。其步骤如下：

(1) 分析系统和元件的工作原理，找出各物理量之间所遵循的物理规律，确定系统的输入量和输出量。

(2) 一般从系统的输入端开始，根据各元件或环节所遵循的物理规律，依次列写它们的微分方程。

(3) 将各元件或环节的微分方程联立起来，消去中间变量，求取一个仅含有系统的输入量和输出量的微分方程，它就是系统的微分方程。

一般地，常将控制系统的微分方程整理成标准形式。即把与输入量有关的各项放在微分方程的右边，把与输出量有关的各项放在微分方程的左边，方程两边各阶导数按降幂排列，并将方程的系数化为具有一定物理意义的表示形式，如时间常数等。

例2-1　建立图2-1所示一阶 *RC* 无源网络电路的微分方程。u_r 为输入量，u_C 为输出量。

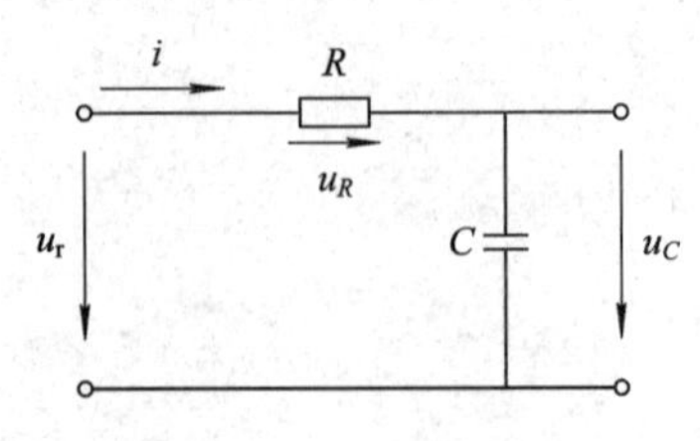

图2-1　*RC* 无源网络

解　由基尔霍夫定律，列写方程组

$$\begin{cases} u_r = u_R + u_C \\ u_R = Ri \\ i = C\dfrac{du_C}{dt} \end{cases}$$

消去中间变量，得

$$RC\frac{\mathrm{d}u_C}{\mathrm{d}t}+u_C=u_r$$

将上式进行标准化处理，令 $T=RC$，则

$$T\frac{\mathrm{d}u_C}{\mathrm{d}t}+u_C=u_r$$

式中，T 称为该电路的时间常数。

例 2-2　图 2-2 是电阻 R、电感 L 和电容 C 组成的无源网络，试列写出以 $u_i(t)$为输入量，以 $u_o(t)$为输出量的网络微分方程。

解　设回路电流为 $i(t)$，电感、电阻与电容元件上电压与电流的关系分别是：

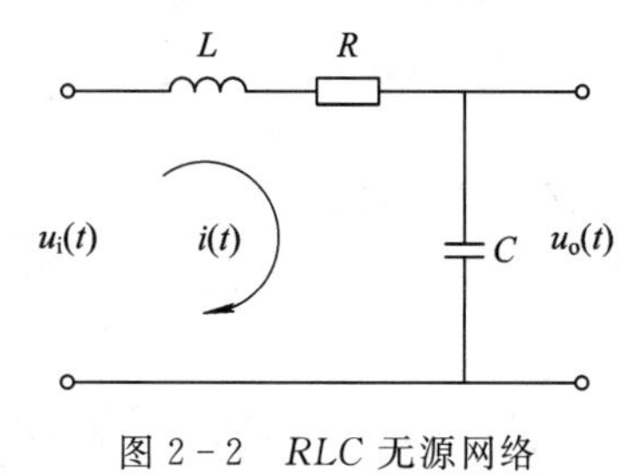

图 2-2　RLC 无源网络

$$\begin{cases}u_L(t)=L\dfrac{\mathrm{d}i(t)}{\mathrm{d}t}\\ u_R=Ri(t)\\ u_C(t)=\dfrac{1}{C}\displaystyle\int i(t)\mathrm{d}t\end{cases}$$

其中电容电压为输出电压，即

$$u_o(t)=u_C(t)=\frac{1}{C}\int i(t)\mathrm{d}t$$

由此式变形可得

$$i(t)=C\frac{\mathrm{d}u_o(t)}{\mathrm{d}t}$$

回路电压平衡方程为

$$u_L(t)+u_R(t)+u_o(t)=u_i(t)$$

即

$$L\frac{\mathrm{d}i(t)}{\mathrm{d}t}+Ri(t)+\frac{1}{C}\int i(t)\mathrm{d}t=u_i(t)$$

将此电流表达式代入回路电压方程，消去中间变量 $i(t)$，可得该无源网络输入输出关系的微分方程为

$$LC\frac{\mathrm{d}^2u_o(t)}{\mathrm{d}t^2}+RC\frac{\mathrm{d}u_o(t)}{\mathrm{d}t}+u_o(t)=u_i(t)$$

例 2-3　建立图 2-3 所示直流电动机的微分方程。u_d 为输入量，n 为输出量。

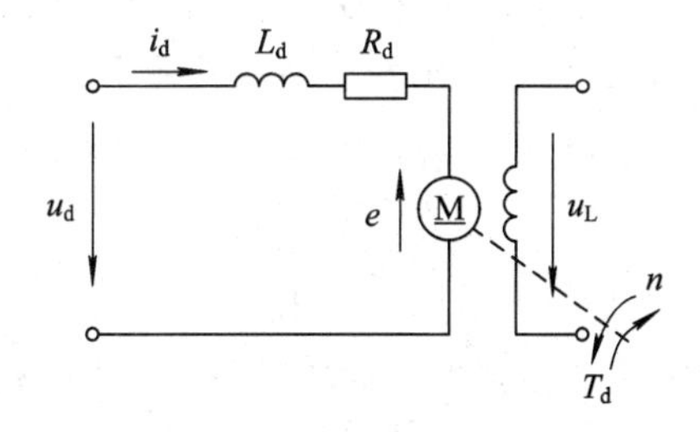

图 2-3　直流电动机运动模型

解 直流电动机各物理量之间的基本关系如下：

$$\begin{cases} u_d = iR_d + L_d \dfrac{di_d}{dt} + e \\ T_d = K_T \Phi i_d \\ e = C_e \Phi n \\ T_d - T_L = J \dfrac{dn}{dt} \end{cases}$$

式中，u_d 为电枢电压；e 为电枢电动势；i_d 为电枢电流；R_d 为电枢电阻；T_d 为电磁转矩；T_L 为摩擦和负载转矩；Φ 为磁通；K_T 为电磁常数；K_e 为电动势常数；n 为转速；J 为转动惯量，$J=\dfrac{GD^2}{k}$，$k=375\ \dfrac{m}{s}\cdot\dfrac{r}{min}$，$GD^2$ 为飞轮矩。

联立以上各式，得

$$\tau_m \tau_d \frac{d^2 n}{dt^2} + \tau_m \frac{dn}{dt} + n = \frac{1}{K_e \Phi} u_d - \frac{R_d}{K_e K_T \Phi^2}\left(\tau_d \frac{dT_d}{dt} + T_L\right)$$

式中，τ_m 为电动机的机电时间常数，$\tau_m=\dfrac{JR_d}{K_e K_T \Phi^2}$；$\tau_d$ 为电磁时间常数，$\tau_d=\dfrac{L_d}{R_d}$。

由上式可见，电动机的转速与电动机自身的固有参数 τ_m、τ_d 有关，与电动机的电枢电压 u_d、负载转矩 T_L 以及负载转矩对时间的变化率有关。

若不考虑电动机负载的影响，则

$$\tau_m \tau_d \frac{d^2 n}{dt^2} + \tau_m \frac{dn}{dt} + n = \frac{1}{K_e \Phi} u_d$$

2.2 利用拉式变换与反变换求解线性微分方程

对控制系统建立起微分方程之后，需要再求解其微分方程，求出在时域环境下系统的输出量随给定信号的时间变化规律。但在工程实际应用中，控制系统的结构往往较复杂，其数学模型通常表现为高阶微分方程，使得微分方程的求解工作量大，十分困难。本节介绍的拉普拉斯变换和反变换方法是在工程上广泛应用的一种求解高阶线性微分方程的简便方法。

2.2.1 拉氏变换的定义

拉普拉斯变换简称为拉氏变换，其定义为：如果有一个以时间 t 为自变量的实变函数 $f(t)$，它的定义域是 $t\geqslant 0$，那么 $f(t)$的拉普拉斯变换定义为

$$F(s) = \mathscr{L}[f(t)] = \int_0^{+\infty} f(t) e^{-st} dt$$

式中，s 是复变数，$s=\sigma+j\omega$（σ、ω 均为实数），$\int_0^{+\infty} e^{-st} dt$ 称为拉普拉斯积分；$F(s)$是函数 $f(t)$的拉普拉斯变换，它是一个复变函数，通常也称 $F(s)$为 $f(t)$的象函数，而称 $f(t)$为 $F(s)$的原函数；$\mathscr{L}$是表示进行拉普拉斯变换的符号。

可见，拉氏变换是这样一种变换，即在一定条件下，它能把一实数域中的实变函数

$f(t)$变换为一个在复数域内与之等价的复变函数 $F(s)$。

2.2.2　几种典型函数的拉氏变换

1. 单位阶跃函数的拉氏变换

单位阶跃函数 $f(t)=1(t)$是机电控制中最常用的典型输入信号之一，常以它作为评价系统性能的标准输入，这一函数定义为

$$1(t) \xlongequal{\text{def}} \begin{cases} 0 & t<0 \\ 1 & t \geqslant 0 \end{cases}$$

它表示在 $t=0$ 时刻突然作用于系统一个幅值为 1 的不变量。

单位阶跃函数的拉氏变换式为

$$F(s)=\mathscr{L}[1(t)]=\int_0^{\infty} 1(t)\mathrm{e}^{-st}\,\mathrm{d}t=-\frac{1}{s}\mathrm{e}^{-st}\Big|_0^{\infty}$$

当 $\mathrm{Re}(s)>0$ 时，有$\lim\limits_{s\to 0}\mathrm{e}^{-st}\to 0$，所以

$$\mathscr{L}[1(t)]=-\frac{1}{s}\mathrm{e}^{-st}\Big|_0^{\infty}=\left[0-\left(-\frac{1}{s}\right)\right]=\frac{1}{s}$$

2. 指数函数的拉氏变换

指数函数 $f(t)=\mathrm{e}^{-\alpha t}$也是控制理论中经常用到的函数，其中 α 是常数。其拉氏变换为

$$F(s)=\mathscr{L}[\mathrm{e}^{-\alpha t}]=\int_0^{\infty}\mathrm{e}^{-\alpha t}\mathrm{e}^{-st}\,\mathrm{d}t=\int_0^{\infty}\mathrm{e}^{-(s+\alpha)t}\,\mathrm{d}t$$

令 $s_1=s+\alpha$，则与求单位阶跃函数同理，就可求得

$$F(s)=\mathscr{L}[\mathrm{e}^{-\alpha t}]=\frac{1}{s_1}=\frac{1}{s+\alpha}$$

3. 正弦函数与余弦函数的拉氏变换

设 $f_1(t)=\sin\omega t$，则

$$F_1(s)=\mathscr{L}[\sin\omega t]=\int_0^{\infty}\sin\omega t\,\mathrm{e}^{-st}\,\mathrm{d}t$$

由欧拉公式，有 $\sin\omega t=\dfrac{\mathrm{e}^{\mathrm{j}\omega t}-\mathrm{e}^{-\mathrm{j}\omega t}}{2\mathrm{j}}$，所以

$$\begin{aligned}F_1(s)&=\frac{1}{2\mathrm{j}}\left[\int_0^{\infty}\mathrm{e}^{\mathrm{j}\omega t}\mathrm{e}^{-st}\,\mathrm{d}t-\int_0^{\infty}\mathrm{e}^{-\mathrm{j}\omega t}\mathrm{e}^{-st}\,\mathrm{d}t\right]=\frac{1}{2\mathrm{j}}\left[\int_0^{\infty}\mathrm{e}^{-(s-\mathrm{j}\omega)t}\,\mathrm{d}t-\int_0^{\infty}\mathrm{e}^{-(s+\mathrm{j}\omega)t}\,\mathrm{d}t\right]\\&=\frac{1}{2\mathrm{j}}\left[-\frac{1}{s-\mathrm{j}\omega}\mathrm{e}^{-(s-\mathrm{j}\omega)t}\Big|_0^{\infty}-\frac{1}{s+\mathrm{j}\omega}e^{-(s+\mathrm{j}\omega)t}\Big|_0^{\infty}\right]\\&=\frac{1}{2\mathrm{j}}\left(\frac{1}{s-\mathrm{j}\omega}-\frac{1}{s+\mathrm{j}\omega}\right)\\&=\frac{\omega}{s^2+\omega^2}\end{aligned}$$

设 $f_2(t)=\cos\omega t$，同理可得

$$F_2(s)=\mathscr{L}[\cos\omega t]=\frac{s}{s^2+\omega^2}$$

4. 单位脉冲函数的拉氏变换

单位脉冲函数 $f(t)=\delta(t)$是在持续时间 $t=\varepsilon(\varepsilon\to 0)$期间幅值为 $1/\varepsilon$ 的矩形波。其幅值和作用时间的乘积等于 1，即 $1/\varepsilon\times\varepsilon=1$。单位脉冲函数的数学表达式为

$$\delta(t)=\begin{cases}0 & t<0 \text{ 和 } t>\varepsilon \\ \lim\limits_{t\to 0}\dfrac{1}{\varepsilon} & 0<t<\varepsilon\end{cases}$$

单位脉冲函数的拉氏变换式为

$$\Delta(s)=\mathscr{L}[\delta(t)]=\int_0^{\infty}\lim_{t\to 0}\frac{1}{\varepsilon}\mathrm{e}^{-st}\,\mathrm{d}t=\lim_{t\to 0}\frac{1}{\varepsilon}\int_0^{\infty}\mathrm{e}^{-st}\,\mathrm{d}t$$

此处因为 $t>\varepsilon$ 时，$\delta(t)=0$，故积分限变为 $0\to\varepsilon$，所以

$$\begin{aligned}\Delta(s)&=\lim_{t\to 0}\frac{1}{\varepsilon}\left(\frac{-\mathrm{e}^{-st}}{s}\right)_0^{t}=\lim_{t\to 0}\frac{1}{\varepsilon s}(1-\mathrm{e}^{-st})\\&=\lim_{t\to 0}\frac{1}{\varepsilon s}\left[1-\left(1-\varepsilon s+\frac{\varepsilon^2 s^2}{2!}-\cdots\right)\right]\\&=\lim_{t\to 0}\frac{1}{\varepsilon s}\left[\varepsilon s-\frac{\varepsilon^2 s^2}{2!}+\cdots\right]\\&=1\end{aligned}$$

5. 单位速度函数的拉氏变换

单位速度函数又称单位斜坡函数，其数学表达式为

$$f(t)=\begin{cases}0 & t<0\\ t & t\geqslant 0\end{cases}$$

单位速度函数的拉氏变换式为

$$F(s)=\int_0^{\infty}t\,\mathrm{e}^{-st}\,\mathrm{d}t$$

利用分部积分

$$\int_0^{\infty}u\,\mathrm{d}v=[uv]_0^{\infty}-\int_0^{\infty}v\,\mathrm{d}u$$

令 $t=u$，$\mathrm{e}^{-st}\mathrm{d}t=\mathrm{d}v$ 则

$$\mathrm{d}t=\mathrm{d}u,\quad v=-\frac{1}{s}\mathrm{e}^{-st}$$

所以

$$F(s)=\left[-\frac{t}{s}\mathrm{e}^{-st}\right]_0^{\infty}-\int_0^{\infty}\left(-\frac{1}{s}\mathrm{e}^{-st}\right)\mathrm{d}t$$

当 $\mathrm{Re}(s)>0$ 时，$\lim\limits_{t\to\infty}\mathrm{e}^{-st}\to 0$，则

$$F(s)=0+\frac{1}{s}\int_0^{\infty}\mathrm{e}^{-st}\,\mathrm{d}t=\frac{1}{s^2}$$

6. 单位加速度函数的拉氏变换

单位加速度函数的数学表达式为

$$f(t)=\begin{cases}0 & t<0\\ \dfrac{1}{2}t^2 & t\geqslant 0\end{cases}$$

当 Re(s)>0 时，其拉氏变换式为

$$F(s)=\mathscr{L}\left(\frac{1}{2}t^2\right)=\frac{1}{s^3}$$

通常并不根据定义来求解象函数和原函数，而是从拉氏变换表中直接查出。

2.2.3 拉氏变换的主要定理

根据拉氏变换的定义或通过查表，能对一些标准的函数进行拉氏变换和反变换，如果利用以下的定理，则对一般的函数可以使运算简化。

1. 叠加定理

拉氏变换也服从线性函数的齐次性和叠加性。

1）齐次性

设 $\mathscr{L}[f(t)]=F(s)$，则

$$\mathscr{L}[\alpha f(t)]=\alpha F(s)$$

式中，α 为常数。

2）叠加性

设 $\mathscr{L}[f_1(t)]=F_1(s)$，$\mathscr{L}[f_2(t)]=F_2(s)$，则

$$\mathscr{L}[f_1(t)+f_2(t)]=F_1(s)+F_2(s)$$

将齐次性和叠加性两者结合起来，就有

$$\mathscr{L}[\alpha f_1(t)+\beta f_2(t)]=\alpha F_1(s)+\beta F_2(s)$$

式中，α、β 均为常数。

2. 微分定理

设 $\mathscr{L}[f(t)]=F(s)$，则

$$\mathscr{L}\left[\frac{\mathrm{d}f(t)}{\mathrm{d}t}\right]=sF(s)-f(0)$$

式中，$f(0)$为函数 $f(t)$在 $t=0$ 时刻的值，即初始值。

在零初始条件下，函数求导的拉氏变换，等于函数拉氏变换乘以 s 的求导次幂，即

$$\mathscr{L}\left[\frac{\mathrm{d}^2 f(t)}{\mathrm{d}t^2}\right]=s^2F(s)-sf(0)-f'(0)$$

$$\mathscr{L}\left[\frac{\mathrm{d}^3 f(t)}{\mathrm{d}t^2}\right]=s^3F(s)-s^2f(0)-sf'(0)-f''(0)$$

$$\vdots$$

$$\mathscr{L}\left[\frac{\mathrm{d}^n f(t)}{\mathrm{d}t^n}\right]=s^nF(s)-s^{n-1}f(0)-s^{n-2}f'(0)-\cdots-f^{(n-1)}(0)$$

式中，$f'(0)$，$f''(0)$，…，$f^{n-1}(0)$分别为原函数各阶导数在 $t=0$ 时刻的值。如果函数 $f(t)$及其各阶导数的初始值均为零(称为零初始条件)，则 $f(0)$各阶导数的拉氏变换为

$$\mathscr{L}[f'(t)]=sF(s)$$

$$\mathscr{L}[f''(t)]=s^2F(s)$$

$$\mathscr{L}[f'''(t)]=s^3F(s)$$

$$\vdots$$

$$\mathscr{L}[f^{(n)}(t)]=s^nF(s)$$

3. 积分定理

设 $\mathscr{L}[f(s)]=F(s)$，则

$$\mathscr{L}\left[\int f(t)\mathrm{d}t\right]=\frac{1}{s}F(s)+\frac{1}{s}f^{(-1)}(0)$$

式中，$f^{(-1)}(0)$为积分$\int f(t)\mathrm{d}t$ 在 $t=0$ 时刻的值。当初始条件为零时，有

$$\mathscr{L}[f(t)\mathrm{d}t]=\frac{1}{s}F(s)$$

对多重积分为

$$\mathscr{L}\left[\underbrace{\int\cdots\int}_{n}f(t)\,(\mathrm{d}t)^n\right]=\frac{1}{s^n}F(s)+\frac{1}{s^n}f^{(-1)}(0)+\frac{1}{s^{n-1}}f^{(-2)}(0)+\cdots+\frac{1}{s}f^{-n}(0)$$

当初始条件为零时，则

$$\mathscr{L}\left[\underbrace{\int\cdots\int}_{n}f(t)\,(\mathrm{d}t)^n\right]=\frac{1}{s^n}F(s)$$

4. 延迟定理

设 $\mathscr{L}[f(t)]=F(s)$，且 $t<0$ 时，$f(t)=0$，则

$$\mathscr{L}[f(t-\tau)]=\mathrm{e}^{-\tau}F(s)$$

设 $\mathscr{L}[f(t)]=F(s)$，则

$$\mathscr{L}[\mathrm{e}^{-\alpha t}f(t)]=F(s+\alpha)$$

例如，$\cos\omega t$ 的象函数为 $\mathscr{L}[\cos\omega t]=\frac{s}{s^2+\omega^2}$，则 $\mathrm{e}^{-\alpha t}\cos\omega t$ 的象函数为

$$\mathscr{L}[\mathrm{e}^{-\alpha t}\cos\omega t]=\frac{s+\alpha}{(s+\alpha)^2+\omega^2}$$

5. 初值定理

初值定理表明了原函数在 $t=0$ 时的数值，有

$$\lim_{t\to 0}f(t)=\lim_{s\to\infty}sF(s)$$

即原函数的初值等于 s 乘以象函数的终值。

6. 终值定理

设 $\mathscr{L}[f(t)]=F(s)$，并且$\lim\limits_{t\to\infty}f(t)$存在，则

$$\lim_{t\to\infty}f(t)=f(\infty)=\lim_{s\to 0}sF(s)$$

即原函数的终值等于 s 乘以象函数的初值。

这一定理常用于求瞬态响应的稳态值。

2.2.4 拉氏反变换

拉普拉斯反变换的公式为

$$f(t)=\mathscr{L}^{-1}[F(s)]=\frac{1}{2\pi\mathrm{j}}\int_{c-\mathrm{j}\infty}^{c+\mathrm{j}\infty}F(s)\mathrm{e}^{st}\mathrm{d}s$$

式中，$\mathscr{L}^{-1}$是拉普拉斯反变换的符号。

通常用部分分式展开法将复杂函数展开成有理分式函数之和，然后由拉氏变换表一一查出对应的反变换函数，即得所求的原函数 $f(t)$。

下面重点介绍部分分式展开法。

在控制理论中，常遇到的象函数是 s 的有理分式

$$F(s)=\frac{B(s)}{A(s)}=\frac{b_0 s^m+b_1 s^{m-1}+\cdots+b_{m-1}s+b_m}{a_0 s^n+a_1 s^{n-1}+\cdots+a_{n-1}s+a_n} \qquad n \geqslant m$$

为了将 $F(s)$写成部分分式，首先将 $F(s)$的分母因式分解，则有

$$F(s)=\frac{B(s)}{A(s)}=\frac{b_0 s^m+b_1 s^{m-1}+\cdots+b_{m-1}s+b_m}{(s+p_1)(s+p_2)\cdots(s+p_n)}$$

式中，p_1，p_2，…，p_n 是$A(s)=0$ 的根的负值，称为 $F(s)$的极点。按照这些根的性质，可分为以下几种情况来研究。

1. $F(s)$的极点为互不相同的实数时的拉氏反变换

如果 $F(s)$的极点为互不相同的实数，则 $F(s)$可展成

$$F(s)=\frac{B(s)}{A(s)}=\frac{b_0 s^m+b_1 s^{m-1}+\cdots+b_{m-1}s+b_m}{(s+p_1)(s+p_2)\cdots(s+p_n)}$$

$$=\frac{A_1}{s+p_1}+\frac{A_2}{s+p_2}+\cdots+\frac{A_n}{s+p_n}=\sum_{i=1}^{n}\frac{A_i}{s+p_i}$$

式中，A_i 是待定系数，它是 $s=-p_i$处的留数，其求法如下：

$$A_i=[F(s)(s+p_i)]_{s=-p_i}$$

再根据拉氏变换的叠加定理，得原函数为

$$f(t)=\mathscr{L}^{-1}[F(s)]=\mathscr{L}^{-1}\left[\sum_{i=1}^{n}\frac{A_i}{s+p_i}\right]=\sum_{i=1}^{n}A_i e^{-p_i t}$$

例 2-4　求 $F(s)=\dfrac{s^2-s+2}{s(s^2-s-6)}$的原函数。

解　首先将 $F(s)$ 的分母因式分解，有

$$F(s)=\frac{s^2-s+2}{s(s^2-s-6)}=\frac{s^2-s+2}{s(s-3)(s+2)}=\frac{A_1}{s}+\frac{A_2}{s-3}+\frac{A_3}{s+2}$$

其中

$$A_1=[F(s)s]_{s=0}=\left[\frac{s^2-s+2}{s(s-3)(s+2)}s\right]_{s=0}=-\frac{1}{3}$$

$$A_2=[F(s)(s-3)]_{s=3}=\left[\frac{s^2-s+2}{s(s-3)(s+2)}(s-3)\right]_{s=3}=\frac{8}{15}$$

$$A_3=[F(s)(s+2)]_{s=-2}=\left[\frac{s^2-s+2}{s(s-3)(s+2)}(s+2)\right]_{s=-2}=\frac{4}{5}$$

即得

$$F(s)=-\frac{1}{3}\cdot\frac{1}{s}+\frac{8}{15}\cdot\frac{1}{s-3}+\frac{4}{5}\cdot\frac{1}{s+2}$$

则

$$f(t)=\mathscr{L}^{-1}[F(s)]=\mathscr{L}^{-1}\left(-\frac{1}{3}\cdot\frac{1}{s}\right)+\mathscr{L}^{-1}\left(\frac{8}{15}\cdot\frac{1}{s-3}\right)+\mathscr{L}^{-1}\left(\frac{4}{5}\cdot\frac{1}{s+2}\right)$$

$$=-\frac{1}{3}+\frac{8}{15}e^{3t}+\frac{4}{5}e^{-2t} \qquad t\geqslant 0$$

2. $F(s)$含有共轭复数极点时的拉氏反变换

如果 $F(s)$有一对共轭复数极点 $-p_1$、$-p_2$，其余极点均为互不相同的实数极点，则将 $F(s)$展成

$$F(s)=\frac{b_0s^m+b_1s^{m-1}+\cdots+b_{m-1}s+b_m}{(s+p_1)(s+p_2)(s+p_3)\cdots(s+p_n)}$$

$$=\frac{A_1s+A_2}{(s+p_1)(s+p_2)}+\frac{A_3}{s+p_3}+\cdots+\frac{A_n}{s+p_n}$$

分别令 $s=0$ 和 $s=\infty$，可求出式中 A_1 和 A_2 的值。

例 2-5　求 $F(s)=\dfrac{s+3}{s^3+3s^2+6s+4}$的原函数。

解　将 $F(s)$的分母因式分解，得

$$F(s)=\frac{A}{s+1}+\frac{Bs+C}{s^2+2s+4}$$

$$A=(s+1)F(s)\big|_{s=-1}=\frac{2}{3}$$

故

$$\frac{s+3}{s^3+3s^2+6s+4}=\frac{2/3}{s+1}+\frac{Bs+C}{s^2+2s+4}$$

左右两边令 $s=0$，则

$$\frac{3}{4}=\frac{2}{3}+\frac{C}{4},\quad C=\frac{1}{3}$$

两边乘 s，令 $s\to\infty$，则

$$0=\frac{2}{3}+B,\quad B=-\frac{2}{3}$$

所以

$$F(s)=\frac{\frac{2}{3}}{s+1}+\frac{-\frac{2}{3}s+\frac{1}{3}}{(s+1)^2+3}=\frac{\frac{2}{3}}{s+1}+\frac{-\frac{2}{3}(s+1)+\frac{1}{\sqrt{3}}\sqrt{3}}{(s+1)^2+(\sqrt{3})^2}$$

这种形式再作适当变换，查拉氏变换表，得

$$f(t)=\left[\frac{2}{3}e^{-t}-\frac{2}{3}e^{-t}\cos\sqrt{3}t+\frac{1}{\sqrt{3}}e^{-t}\sin\sqrt{3}t\right]\varepsilon(t) \qquad t\geqslant 0$$

3. $F(s)$有重根时的拉氏反变换

设 $F(s)$有 n 各个重根 p，即 $D(s)=a_n(s-p)^n$，则将 $F(s)$表达为

$$F(s)=\frac{A_1}{(s+p)^n}+\frac{A_2}{(s+p)^{n-1}}+\cdots+\frac{A_n}{s+p}$$

将此式分别乘以$(s-p)^n$，$(s-p)^{n-1}$，…，$(s-p)$，再按照式

$$A_k=\frac{1}{(n-k)!}\left\{\frac{d^{n-k}}{ds^{n-k}}[(s-p)^kF(s)]\right\}\Bigg|_{s=p}$$

进行相应的计算，可求出各系数 A_1，A_2，…，A_n 的值。

例 2－6　求 $F(s)=\dfrac{s+3}{(s+2)^2(s+1)}$的拉氏反变换。

解　将 $F(s)$展开为部分分式

$$F(s)=\frac{A_{01}}{(s+2)^2}+\frac{A_{02}}{s+2}+\frac{A_3}{s+1}$$

上式中各项系数为

$$A_{01}=\frac{1}{(2-2)!}\left[\frac{\mathrm{d}^{(2-2)}}{\mathrm{d}s^{(2-2)}}\frac{s+3}{(s+2)^2(s+1)}(s+2)^2\right]\bigg|_{s=-2}$$

$$=\left[\frac{s+3}{(s+2)^2(s+1)}(s+2)^2\right]\bigg|_{s=-2}=-1$$

$$A_{02}=\frac{1}{(2-1)!}\left\{\frac{\mathrm{d}^{(2-1)}}{\mathrm{d}s^{(2-1)}}\left[\frac{s+3}{(s+2)^2(s+1)}(s+2)^2\right]\right\}\bigg|_{s=-2}$$

$$=\left[\frac{(s+3)'(s+1)-(s+3)(s+1)'}{(s+2)^2(s+1)^2}(s+2)^2\right]\bigg|_{s=-2}=-2$$

$$A_3=\left[\frac{s+3}{(s+2)^2(s+1)}(s+1)\right]\bigg|_{s=-1}=2$$

于是

$$F(s)=\frac{-1}{(s+2)^2}-\frac{2}{(s+2)}+\frac{2}{s+1}$$

查拉氏变换表，得

$$f(t)=-(t+2)\mathrm{e}^{-2t}+2\mathrm{e}^{-t}\qquad t\geqslant 0$$

2.2.5　应用拉氏变换解线性微分方程

应用拉氏变换解线性微分方程时，采用下列步骤：

(1) 将微分方程进行拉氏变换，得到以 s 为变量的变换方程；

(2) 解出变换方程，即求出输出量的拉氏变换表达式；

(3) 将输出量的象函数展开成部分分式表达式；

(4) 对输出量的部分分式进行拉氏反变换，即可得微分方程的解。

这一过程可用如下图形表示：

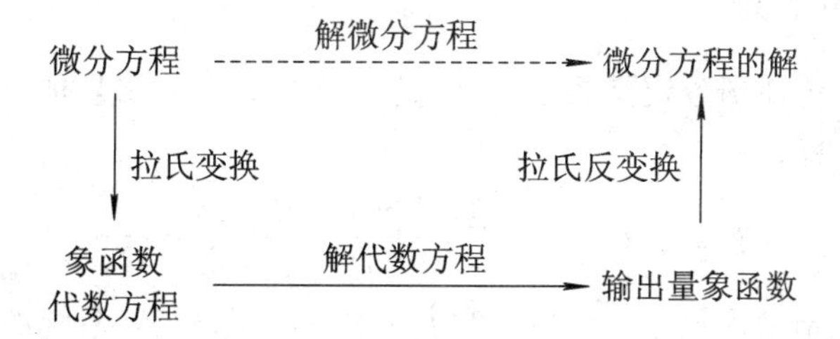

例 2－7　求图 2－1 所示电路中的 u_C。其中 $u_r=1(t)$，u_C 及各阶导数在 $t=0$ 时的值为零。

解　由例 2－1 可知系统的微分方程为

$$T\frac{\mathrm{d}u_C}{\mathrm{d}t}+u_C=u_r$$

对上式进行拉氏变换得到

$$TsU_C(s)+U_C(s)=U_r(s)$$

由于 $u_r=1(t)$的拉氏变换为 $U_r(s)=1/s$，因此输出量的拉氏变换为

$$U_C(s)=\frac{1}{Ts+1}\cdot\frac{1}{s}$$

将上式展开成部分分式表达式

$$U_C(s)=\frac{1}{s}-\frac{1}{s+\frac{1}{T}}$$

取拉氏反变换，得微分方程的解为

$$u_C=1-e^{-\frac{1}{T}t} \qquad t\geqslant 0$$

例 2-8 设系统的微分方程为$\frac{d^2c(t)}{dt^2}+2\frac{dc(t)}{dt}+2c(t)=r(t)$。已知：$r(t)=\delta(t)$，$c(0)=c'(0)=0$，求系统的输出响应。

解 将方程两边求拉氏变换，得

$$s^2C(s)+2sC(s)+2C(s)=R(s)$$

将 $R(s)=1$ 代入上式，整理后可得输出量的拉氏变换为

$$C(s)=\frac{1}{s^2+2s+2}=\frac{1}{(s+1)^2+1}$$

对上式取拉氏反变换得

$$c(t)=e^{-t}\sin t \qquad t\geqslant 0$$

2.3 传递函数

微分方程求解繁琐，所表示的输入输出关系复杂且不明显，经过拉氏变换将微分方程变换成代数方程，可以进行代数计算，输入输出关系简单明了，可用来研究系统的结构或参数变化对系统性能的影响，这种代数方程就是传递函数，它是自动控制中最常用的数学模型。

2.3.1 传递函数的定义

线性定常系统的传递函数定义为：在初始条件为零时，输出量的拉氏变换式与输入量的拉氏变换式之比。即

$$\text{传递函数}\ G(s)=\frac{\text{输出量的拉氏变换}}{\text{输入量的拉氏变换}}=\frac{C(s)}{R(s)}$$

初始条件为零是指输入量在 $t=0$ 时刻以后才作用于系统，系统的输入量和输出量及其各阶导数在 $t\leqslant 0$ 时的值也均为零。

设描述系统或元件的微分方程的一般表示形式为

$$a_n\frac{d^n}{dt^n}c(t)+a_{n-1}\frac{d^{n-1}}{dt^{n-1}}c(t)+\cdots+a_1\frac{d}{dt}c(t)+a_0c(t)$$

$$=b_m \frac{d^m}{dt^m}r(t)+b_{m-1}\frac{d^{m-1}}{dt^{m-1}}r(t)+\cdots+b_1\frac{d}{dt}r(t)+b_0 r(t)$$

式中，$r(t)$为系统的输入量；$c(t)$为系统的输出量，在初始条件为零时，$c(0^-)=c'(0^-)=c''(0^-)=\cdots=0$。

对微分方程一般表示式的两边进行拉氏变换，有

$$a_n s^n C(s)+a_{n-1}s^{n-1}C(s)+\cdots+a_1 sC(s)+a_0 C(s)$$
$$=b_m s^m R(s)+b_{m-1}s^{m-1}R(s)+\cdots+b_1 sR(s)+b_0 R(s)$$

即

$$(a_n s^n+a_{n-1}s^{n-1}+\cdots+a_1 s+a_0)C(s)=(b_m s^m+b_{m-1}s^{m-1}+\cdots+b_1 s+b_0)R(s)$$

则传递函数为

$$G(s)=\frac{C(s)}{R(s)}=\frac{b_m s^m+b_{m-1}s^{m-1}+\cdots+b_1 s+b_0}{a_n s^n+a_{n-1}s^{n-1}+\cdots+a_1 s+a_0}$$

2.3.2　传递函数的性质

传递函数的性质如下：

(1) 传递函数是由微分方程变换得来的，它和微分方程之间存在着对应的关系。对于一个确定的系统(输入量与输出量也已经确定)，它的微分方程是唯一的，所以其传递函数也是唯一的。

(2) 传递函数是复变量 $s(s=\sigma+j\omega)$的有理分式，s 是复数，而分式中的各项系数 a_n，a_{n-1}，…，a_1，a_0 及 b_m，b_{m-1}，…，b_1，b_0 都是实数，它们是由组成系统的元件结构、参数决定的，而与输入量、扰动量等外部因素无关。因此，传递函数代表了系统的固有特性，是一种用象函数来描述系统的数学模型，称为系统的复数域模型。

(3) 传递函数是一种运算函数。由 $G(s)=C(s)/R(s)$，可得 $C(s)=G(s)R(s)$。此式表明，若已知一个系统的传递函数 $G(s)$，则对任何一个输入量 $r(t)$，只要以 $R(s)$乘以 $G(s)$，即可得到输出量的象函数 $C(s)$，再进行拉氏反变换，就可得到输出量 $c(t)$。由此可见，$G(s)$起着从输入到输出的传递作用，故名传递函数。

(4) 传递函数的分母是它所对应的微分方程的特征方程多项式，即传递函数的分母是特征方程 $a_n s^n+a_{n-1}s^{n-1}+\cdots+a_1 s+a_0=0$ 等号左边的部分。而以后的分析表明：特征方程的根反映了系统的动态过程的性质，所以由传递函数可以研究系统的动态特性。特征方程的阶次 n 即为系统的阶次。

(5) 传递函数的分子多项式的阶次总是低于分母多项式的阶次，即 $m\leqslant n$。这是由于系统总是含有惯性元件以及受到系统能源的限制的原因。

2.3.3　传递函数的求取

下面通过举例说明传递函数的求取方法。

例 2-9　试求取图 2-3 所示直流电动机的转速与输入电压之间的传递函数。u_d 为输入量，n 为输出量。

解　由例 2-3 可知系统的微分方程为

$$\tau_m\tau_d\frac{d^2 n}{dt^2}+\tau_m\frac{dn}{dt}+n=\frac{1}{K_e\Phi}u_d$$

拉氏变换后可得

$$\tau_m\tau_d s^2 N(s)+\tau_m sN(s)+N(s)=\frac{1}{K_e\Phi}U_d(s)$$

根据传递函数的定义，则其传递函数为

$$G(s)=\frac{N(s)}{U_d(s)}=\frac{1/K_e\Phi}{\tau_m\tau_d s^2+\tau_m s+1}$$

上例是通过分析控制系统的结构，罗列出其输入输出关系式，再利用拉氏变换，求取系统的传递函数。除此方法外，还可利用电阻、电感、电容等基本元器件的复数阻抗，方便地求出不复杂系统的传递函数。

对于电阻元件，有 $u(t)=Ri(t)$，则其拉氏变换为

$$\mathscr{L}[u(t)]=\mathscr{L}[Ri(t)]$$

即

$$U(s)=RI(s) \quad 或 \quad Z=\frac{U(s)}{I(s)}=R$$

对于电感元件，有 $u(t)=L\dfrac{\mathrm{d}i(t)}{\mathrm{d}t}$，则其拉氏变换为

$$\mathscr{L}[u(t)]=\mathscr{L}\left[L\frac{\mathrm{d}i(t)}{\mathrm{d}t}\right]$$

即

$$U(s)=sLI(s) \quad 或 \quad Z=\frac{U(s)}{I(s)}=sL$$

对于电容元件，有 $u(t)=\dfrac{1}{C}\displaystyle\int_0^\infty i(t)\mathrm{d}t$，则其拉氏变换为

$$\mathscr{L}[u(t)]=\mathscr{L}\left[\frac{1}{C}\int_0^\infty i(t)\mathrm{d}t\right]$$

即

$$U(s)=\frac{1}{sC}I(s) \quad 或 \quad Z=\frac{U(s)}{I(s)}=\frac{1}{sC}$$

例 2-10 试求图 2-4(a)所示 *RLC* 串联电路的传递函数。u_o 为输出量，u_i 为输入量。

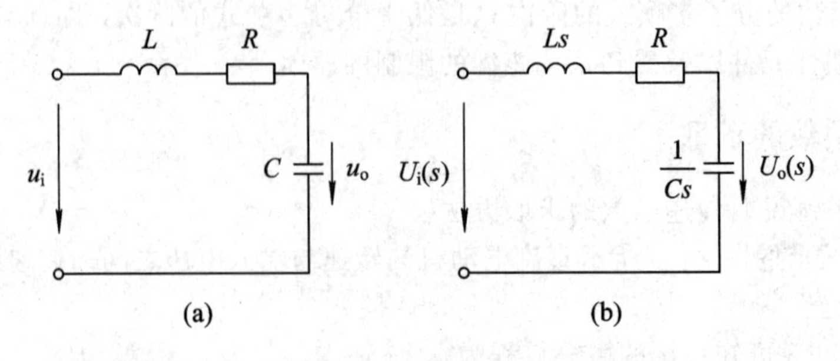

图 2-4 *RLC* 串联电路

解　图 2-4(a)所示电路的复域电路如图 2-4(b)所示。由基尔霍夫定律得

$$U_o(s)=\frac{1/Cs}{R+Ls+\frac{1}{Cs}}U_i(s)$$

经整理得到系统的传递函数为

$$G(s)=\frac{U_o(s)}{U_i(s)}=\frac{1}{LCs^2+RCs+1}$$

例 2-11　试求图 2-5(a)所示积分调节器电路的传递函数。u_o 为输出量，u_i 为输入量。

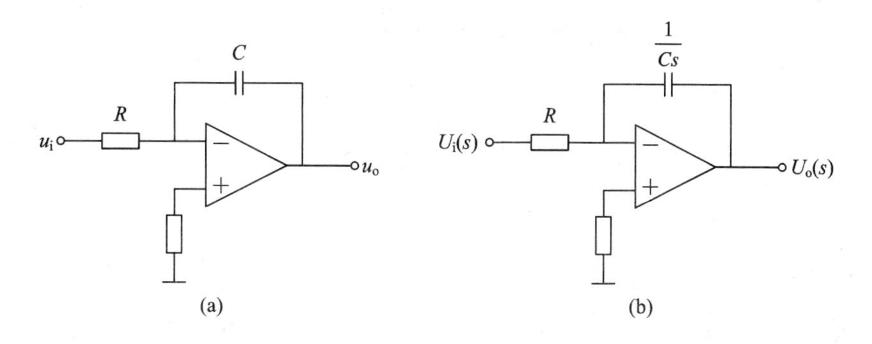

图 2-5　积分调节器

解　图 2-5(a)所示电路的复域电路如图 2-5(b)所示。由电子技术知识可得

$$G(s)=\frac{U_o(s)}{U_i(s)}=-\frac{1}{RCs}$$

对于较复杂的系统，还可考虑利用动态结构图和框图运算法则求取传递函数，具体做法是：先求出元件的传递函数，再利用动态结构图和框图运算法则，求出系统的传递函数。

2.4　动态结构图

2.4.1　动态结构图的概念

1. 定义

把组成系统的各个环节用方块图表示，在方块图内标出各环节的传递函数，并将各环节的输入量、输出量改用拉氏变换来表示。这种图形称为动态结构图，简称结构图。

2. 组成结构

结构图由四种基本图形符号所组成，称为结构图的四要素。各图形符号代表的意义如下：

(1) 信号线。信号线是带有箭头的直线，箭头表示信号的流向，在直线旁标记信号的时间函数或象函数，如图 2-6(a)所示。

(2) 引出点。引出点表示信号引出或测量的位置。从同一位置引出的信号在数值和性质方面完全相同，如图 2-6(b)所示。

(3) 综合点(比较点或相加点)。综合点表示对两个或两个以上性质相同的信号进行取代数和的运算。参与相加运算的信号应标出"+"号，参与相减运算的信号应标出"−"号。有时"+"号可省略，但"−"号必须标明，如图 2-6(c)所示。

(4) 函数方框。函数方框表示元件或环节输入、输出变量之间的函数关系。方框内要填写元件或环节的传递函数，如图 2-6(d)所示。

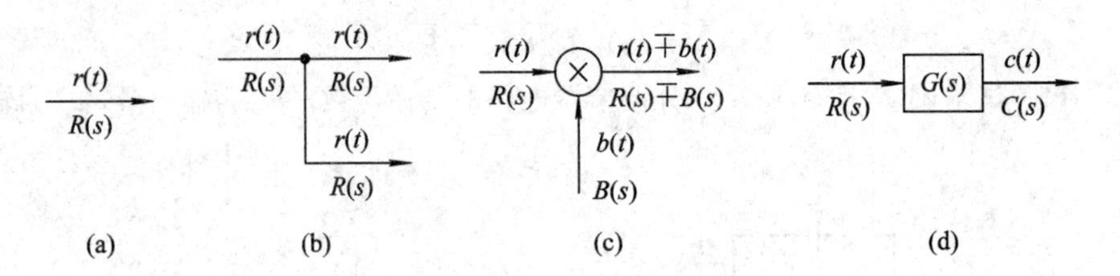

图 2-6 结构图的四种基本图形符号

2.4.2 动态结构图的建立

绘制动态结构图的一般步骤为：

(1) 明确系统的输入量和输出量，确定各元件或环节的传递函数。

(2) 绘出各环节的方框图，在其中标出传递函数，并将信号的拉氏变换标在信号线附近。

(3) 按照系统中信号的传递顺序，依次将各环节的方框图连接起来，便构成系统的结构图。

例 2-12 试绘出图 2-1 所示电路的动态结构图。

解 以 u_r 为输入量，u_C 为输出量。

由基尔霍夫定律，列写方程

$$u_r = u_R + u_C,\quad u_R = Ri,\quad i = C\frac{du_C}{dt}$$

对以上各式进行拉氏变换，得

$$U_r(s) = U_R(s) + U_C(s),\quad U_R(s) = RI(s),\quad I(s) = CsU_C(s)$$

由上面各式可分别画出如图 2-7(a)、(b)、(c)所示的结构图。

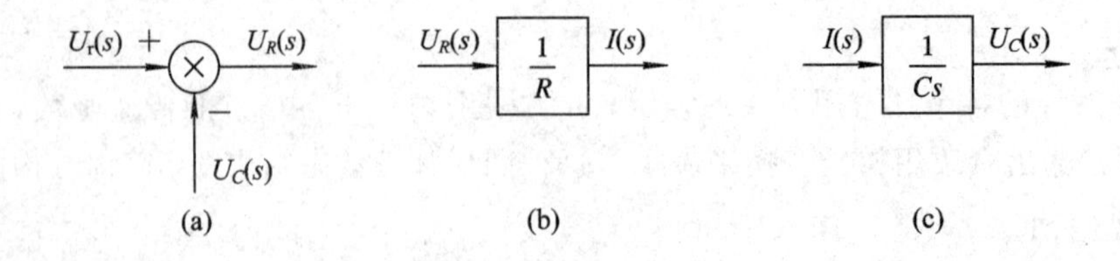

图 2-7 *RC* 电路结构图的建立过程

2.4.3 动态结构图的等效变换及化简

为了能方便地求出自动控制系统的传递函数，通常需要对结构图进行等效变换。其等效变换的原则是：变换前后该部分的输入量、输出量都保持不变。

1. 串联变换规则

传递函数分别为 $G_1(s)$和 $G_2(s)$的两个方框，若 $G_1(s)$的输出量作为 $G_2(s)$的输入量，则称 $G_1(s)$和 $G_2(s)$串联，如图 2-8(a)所示(注意：两个串联的方框所代表的元件之间无负载效应)。

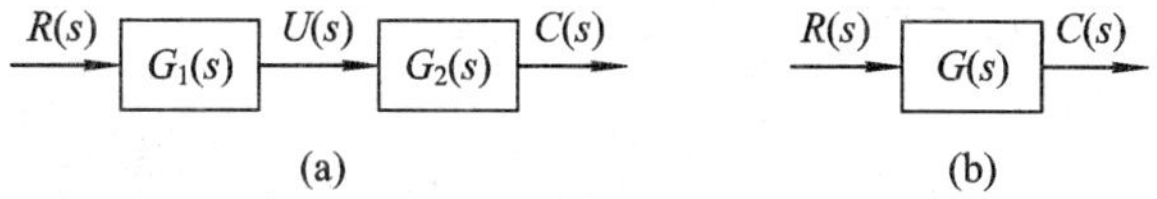

R(s)　G1(s)　U(s)　G2(s)　C(s)　　R(s)　G(s)　C(s)

(a)　　(b)

图 2-8　串联结构图的等效变换

由图 2-8(a)有

$$U(s)=G_1(s)R(s),\quad C(s)=G_2(s)U(s)$$

则

$$C(s)=G_1(s)G_2(s)R(s)=G(s)R(s)$$

式中，$G(s)=G_1(s)G_2(s)$，是串联方框的等效传递函数，可用图 2-8(b)所示结构图表示。

由此可知，当系统中有两个(或两个以上)环节串联时，其等效传递函数为各串联环节的传递函数的乘积。这个结论可推广到 n 个串联连接的方框。

2. 并联变换规则

传递函数分别为 $G_1(s)$和 $G_2(s)$的两个方框，若它们有相同的输入量，而输出量等于两个方框输出量的代数和，则 $G_1(s)$和 $G_2(s)$为并联连接，如图 2-9(a)所示。

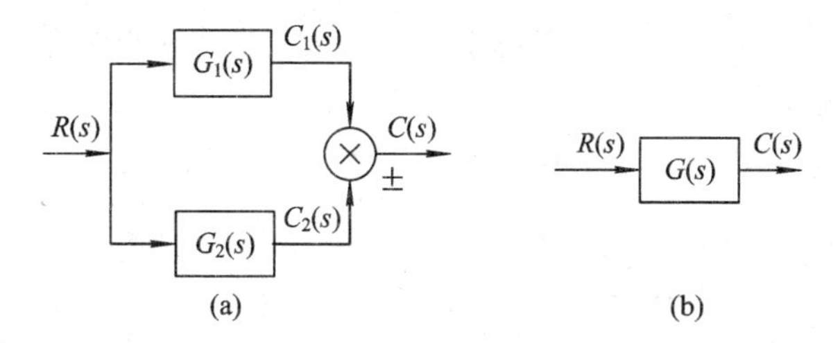

图 2-9　并联结构图的等效变换

由图 2-9(a)有

$$C_1(s)=G_1(s)R(s),\quad C_2(s)=G_2(s)R(s),\quad C(s)=C_1(s)\pm C_2(s)$$

则

$$C(s)=[G_1(s)\pm G_2(s)]R(s)=G(s)R(s)$$

式中，$G(s)=G_1(s)\pm G_2(s)$，是并联方框的等效传递函数，可用图 2-9(b)所示结构图表示。

由此可知，当系统中有两个(或两个以上)环节并联时，其等效传递函数为各并联环节的传递函数的代数和。这个结论可推广到 n 个并联连接的方框。

3. 反馈连接变换规则

若传递函数分别为 $G(s)$和 $H(s)$的两个方框，如图 2-10(a)所示形式连接，则称为反馈连接。“+”为正反馈，表示输入信号与反馈信号相加；“-”为负反馈，表示输入信号与反馈信号相减。

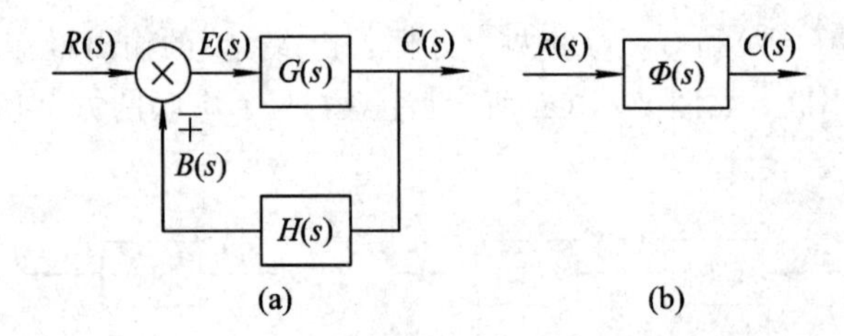

图 2-10　反馈结构图的等效变换

由图 2-10(a)有

$$E(s)=R(s)\pm B(s),\quad B(s)=H(s)C(s),\quad C(s)=G(s)E(s)$$

则

$$C(s)=\frac{G(s)}{1\pm G(s)H(s)}R(s)$$

或

$$\Phi(s)=\frac{C(s)}{R(s)}=\frac{G(s)}{1\pm G(s)H(s)}$$

式中，$G(s)$为前向通道的传递函数；$H(s)$为反馈通道的传递函数；$\Phi(s)$为反馈连接的等效传递函数，一般称它为闭环传递函数。式中分母中的"＋"号，对应于负反馈，"－"号对应于正反馈。

4. 引出点和综合点的移动规则

移动规则的出发点是等效原则，即移动前后的输入量和输出量保持不变。

1) 引出点的移动

(1) 引出点的前移，如图 2-11 所示。

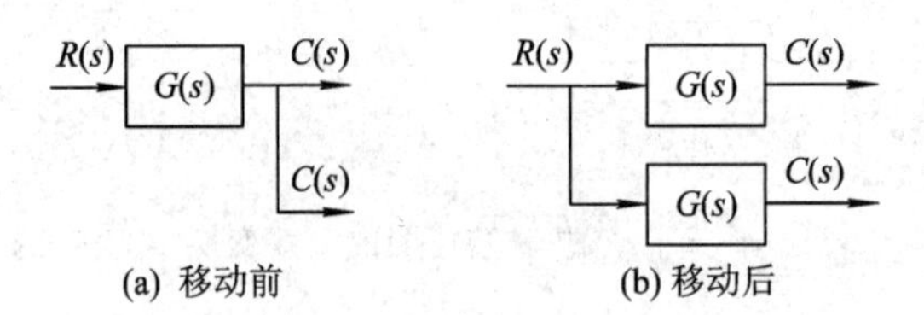

图 2-11　引出点前移

(2) 引出点的后移，如图 2-12 所示。

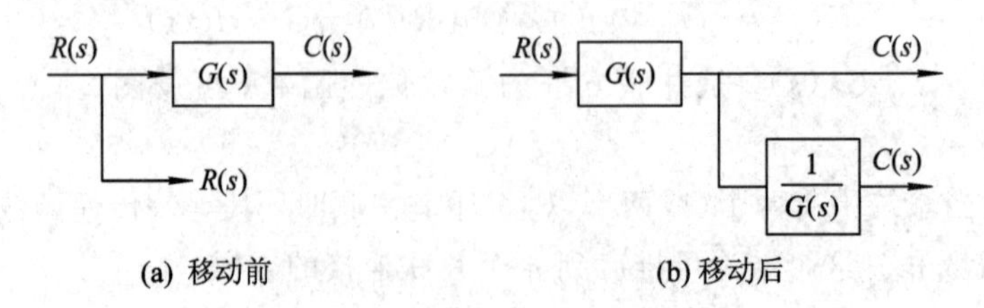

图 2-12　引出点后移

(3) 相邻引出点之间的互移，如图 2-13 所示。相邻引出点之间互移时引出量不变。

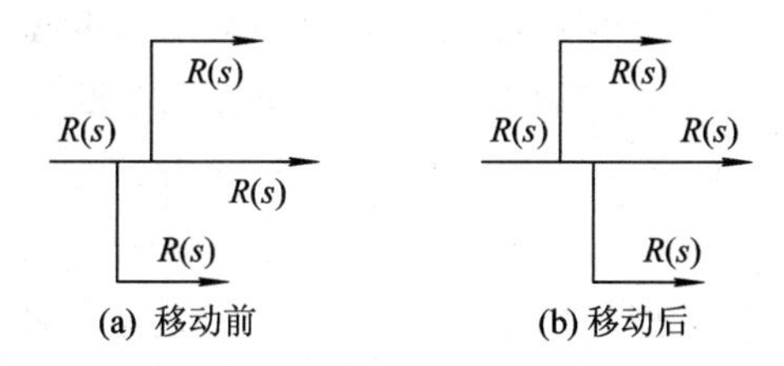

图 2-13　引出点之前的移动

2）综合点的移动

(1) 综合点的前移，如图 2-14 所示。

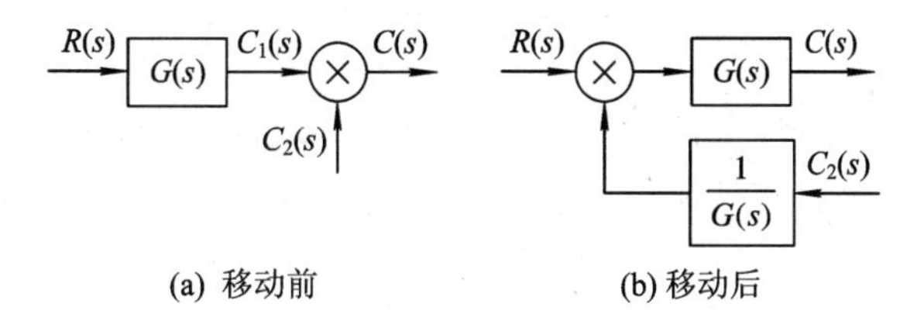

图 2-14　综合点前移

(2) 综合点的后移，如图 2-15 所示。

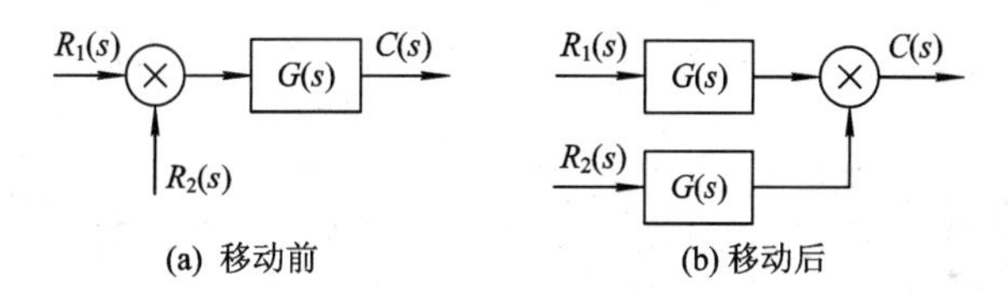

图 2-15　综合点后移

(3) 综合点之间的互移，如图 2-16 所示。相邻的综合点之间可以互移。

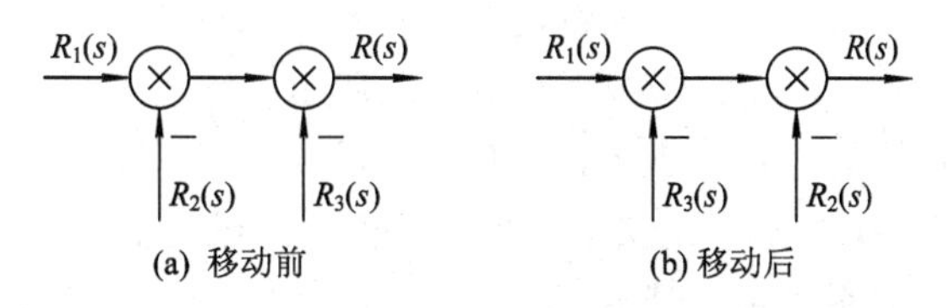

图 2-16　综合点之间的移动

5. 等效单位反馈

若系统为反馈系统，则可通过等效变换将其转换为单位反馈系统，如图 2-17 所示。

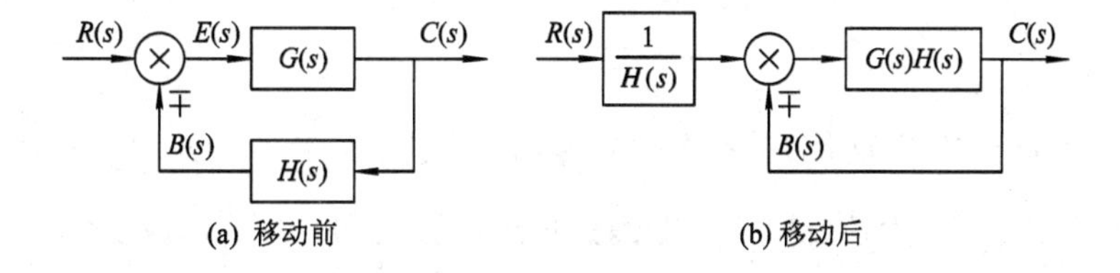

图 2-17　等效单位反馈

例 2-13　用结构图的等效变换，求图 2-18(a)所示系统的传递函数 $G(s)=C(s)/R(s)$。

解 由于此系统有相互交叉的回路，因此先要通过引出点或综合点的移动来消除相互交叉的回路，然后再应用串、并联和反馈连接等变换规则求取其等效传递函数。化简过程如图 2-18(b)、(c)、(d)所示。

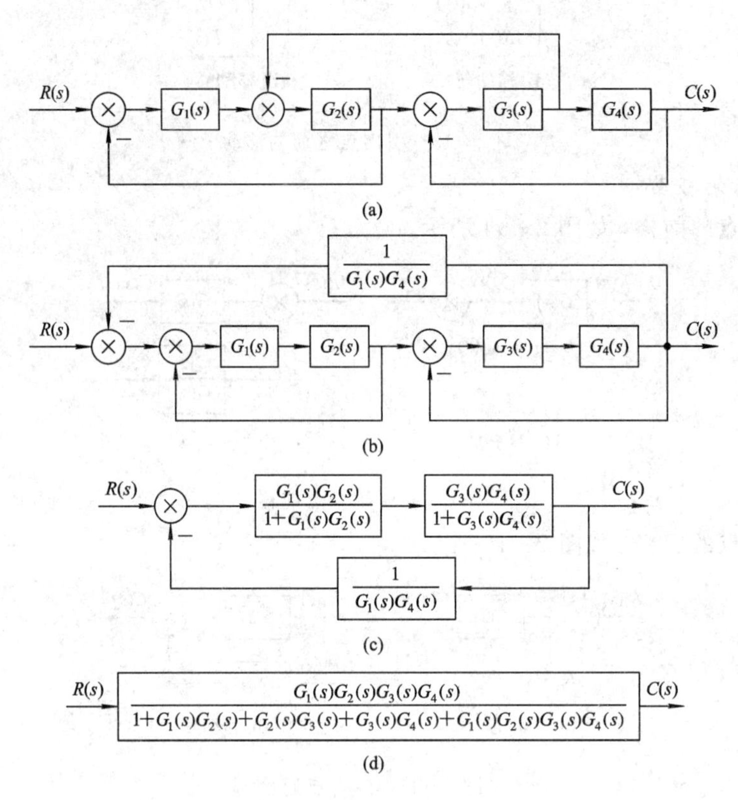

图 2-18 交叉多回路系统的化简

例 2-14 化简图 2-19(a)所示系统的结构图，并求传递函数。

解 将综合点 a 后移，得等效图如图 2-19(b)所示。再与 b 点交换，得到图 2-19(c)。因 $G_4(s)$与 $G_1(s)G_2(s)$并联，$G_3(s)$与 $G_2(s)H(s)$是负反馈环，化简可得图 2-19(d)。再将图 2-19(d)中的两个串联环节进行合并，得最后化简的结果如图 2-19(e)所示。

除以上通过化简结构图求取传递函数的方法外，对于具有多个支路的较复杂的控制系统，多采用梅逊公式的方法求其传递函数，由梅逊公式可直接写出系统的传递函数。

梅逊公式的一般表示形式为

$$\Phi(s)=\frac{\sum_{k=1}^{n}P_k\Delta_k}{\Delta}$$

式中，$\Phi(s)$为系统的等效传递函数；Δ 为特征式，有 $\Delta=1-\sum L_a+\sum L_aL_b-\sum L_aL_bL_c+\cdots$，$\sum L_a$ 为系统中所有的回路传递函数之和；$\sum L_aL_b$ 为系统中所有两个互不接触的回路传递函数乘积之和；$\sum L_aL_bL_c$ 为系统中所有三个互不接触的回路传递函数乘积之和；P_k 是从输入端至输出端的第 k 条前向通路的传递函数；Δ_k 是与第 k 条前向通路不接触部分的 Δ 值，称为第 k 条前向通路的余因子。

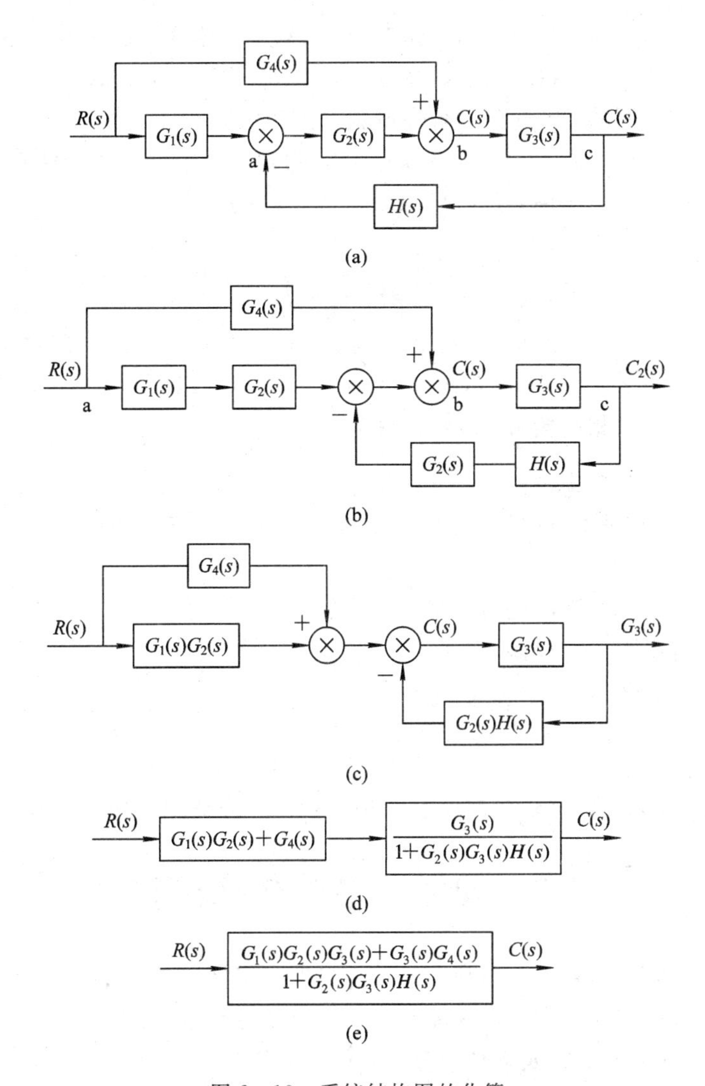

图 2-19　系统结构图的化简

回路传递函数是指反馈回路的前向通路和反馈通路的传递函数的乘积，并包含代表反馈极性的正、负号。

例 2-15　利用梅逊公式求图 2-20 所示系统的传递函数。

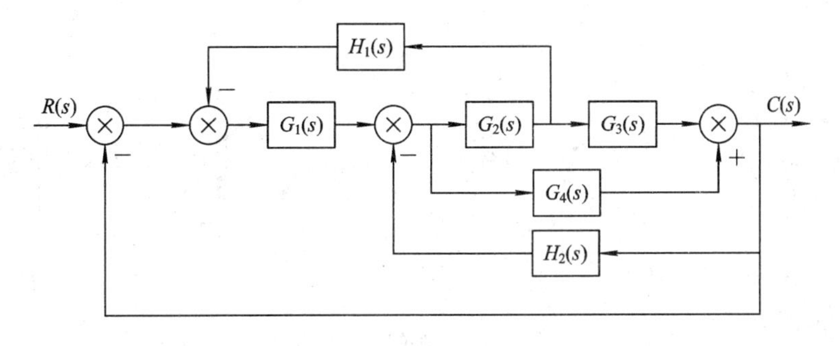

图 2-20　系统结构图

解 由图 2-20 可知，系统前向通路有两条，$k=2$。各前向通路的传递函数分别为

$$P_1=G_1(s)G_2(s)G_3(s),\quad P_2=G_1(s)G_4(s)$$

系统有 5 个反馈回路，各回路的传递函数分别为

$$L_1=-G_1(s)G_2(s)H_1(s),\quad L_2=-G_2(s)G_3(s)H_2(s),\quad L_3=-G_1(s)G_2(s)G_3(s),$$
$$L_4=-G_4(s)H_2(s),\quad L_5=-G_1(s)G_4(s)$$

所以

$$\begin{aligned}\sum L_a&=L_1+L_2+L_3+L_4+L_5\\&=-G_1(s)G_2(s)H_1(s)-G_2(s)G_3(s)H_2(s)\\&\quad-G_1(s)G_2(s)G_3(s)-G_4(s)H_2(s)-G_1(s)G_4(s)\end{aligned}$$

系统的所有回路都相互接触，故特征式为

$$\begin{aligned}\Delta&=1+\sum L_a\\&=1+G_1(s)G_2(s)H_1(s)+G_2(s)G_3(s)H_2(s)+G_1(s)G_2(s)G_3(s)\\&\quad+G_4(s)H_2(s)+G_1(s)G_4(s)\end{aligned}$$

两条前向通路均与所有回路有接触，故其余子式为 $\Delta_1=1$，$\Delta_2=1$。

由梅逊公式得系统的传递函数为

$$\begin{aligned}G(s)&=\frac{P_1\Delta_1+P_2\Delta_2}{\Delta}\\&=\frac{G_1(s)G_2(s)G_3(s)+G_1(s)G_4(s)}{1+G_1(s)G_2(s)H_1(s)+G_2(s)G_3(s)H_2(s)+G_1(s)G_2(s)G_3(s)+G_4(s)H_2(s)+G_1(s)G_4(s)}\end{aligned}$$

2.5 典型环节的传递函数

复杂的控制系统通常是由一些典型环节组成的。掌握这些典型环节的特点，可以方便地分析较复杂系统内部各单元间的关系。常见的典型环节包括比例环节、积分环节、微分环节、惯性环节、振荡环节、延迟环节等。

2.5.1 比例环节

比例环节是自动控制系统中遇到的最多的一种典型环节，例如电子放大器、杠杆机构、永磁式发电机、电位器等，如图 2-21 所示。

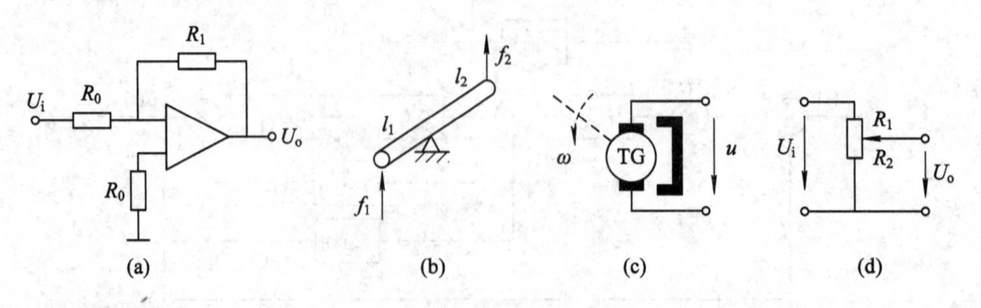

图 2-21 比例环节实例

比例环节的微分方程为

$$c(t)=Kr(t)$$

式中，K 为放大倍数，即增益。

对微分方程取拉氏变换，得

$$C(s)=KR(s)$$

因此比例环节的传递函数为

$$G(s)=\frac{C(s)}{R(s)}=K$$

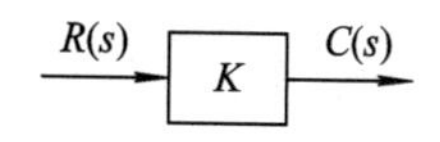

图 2-22　比例环节的功能框图

比例环节的功能框图如图 2-22 所示。

比例环节的特点是输出量与输入量成正比，无失真和延时。

2.5.2　积分环节

积分环节也是自动控制系统中遇到最多的环节之一，例如电动机角速度与旋转角之间的传递函数、模拟计算机中的积分器等。图 2-23 所示为积分环节的例子。

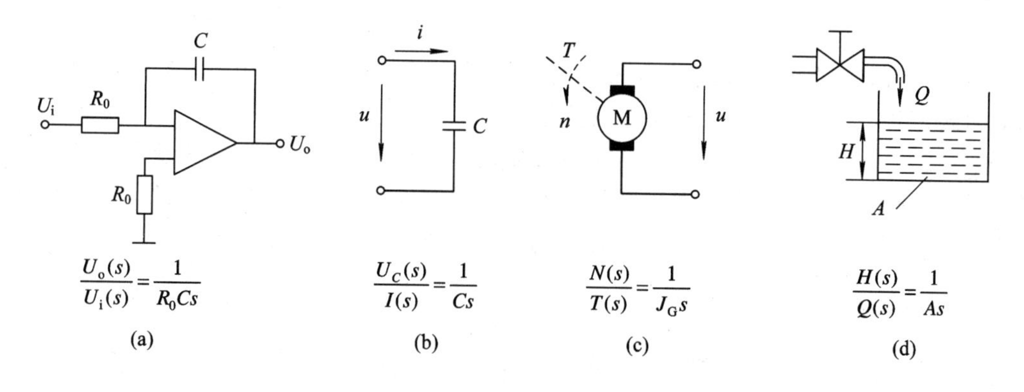

图 2-23　积分环节实例

积分环节的微分方程为

$$c(t)=\frac{1}{T}\int_0^t r(t)\mathrm{d}t$$

式中，T 为积分时间常数。

对微分方程取拉氏变换，得

$$C(s)=\frac{1}{Ts}R(s)$$

因此积分环节的传递函数为

$$G(s)=\frac{1}{Ts}$$

积分环节的功能框图如图 2-24 所示。

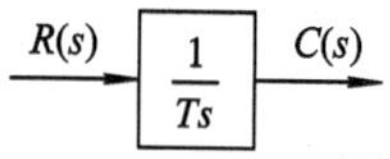

积分环节的特点是它的输出量为输入量对时间的积累。输出量与输入量的积分成正比例，当输入消失时，输出具有记忆功能。因此，凡是输出量对输入量有储存和积累特点的元件一般都含有积分环节。

$$R(s)\longrightarrow\boxed{\frac{1}{Ts}}\longrightarrow C(s)$$

图 2-24　积分环节的功能框图

2.5.3 理想微分环节

积分环节的逆过程就是理想微分环节，例如电感元件的电流与电压之间的关系即为一理想微分环节。

理想微分环节的微分方程为

$$c(t)=\tau\frac{\mathrm{d}r(t)}{\mathrm{d}t}$$

式中，τ 为微分时间常数。

对微分方程取拉氏变换，得微分环节的传递函数为

$$G(s)=\tau s$$

微分环节的功能框图如图 2-25 所示。

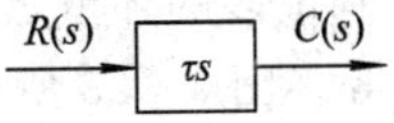

R(s)
τs
C(s)

图 2-25 微分环节的功能框图

理想微分环节的输出量与输入量之间的关系恰好与积分环节相反，传递函数互为倒数，因此，积分环节的逆过程就是理想微分环节。

理想微分环节的特点是输出量与输入量对时间的微分成正比，即输出能预示输入信号的变化率，而不反映输入量本身的大小。实际中没有纯粹的微分环节，它总是与其他环节并存。

2.5.4 惯性环节

常见的电阻电容电路(*RC* 网络)就属于典型的惯性环节，如图 2-26 所示，其微分方程为

$$T\frac{\mathrm{d}c(t)}{\mathrm{d}t}+c(t)=r(t)$$

式中，T 为惯性环节的时间常数。

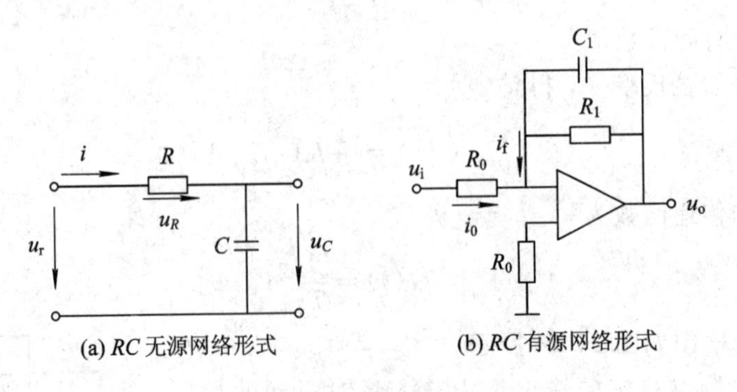

i
R
u_R
u_r
C
u_C
(a) RC 无源网络形式
C_1
R_1
i_f
R_0
u_i
i_0
u_o
R_0
(b) RC 有源网络形式

图 2-26 惯性环节实例

惯性环节的传递函数为

$$G(s)=\frac{1}{Ts+1}$$

惯性环节的功能框图如图 2－27 所示。

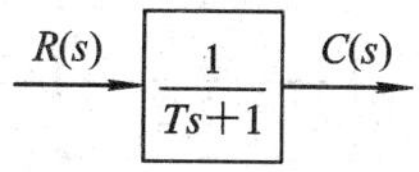

$$R(s) \longrightarrow \boxed{\dfrac{1}{Ts+1}} \longrightarrow C(s)$$

图 2－27　惯性环节的功能框图

惯性环节含有一个储能元件，因而对输入量不能立即响应，但输出量不发生振荡现象。

2.5.5　比例微分环节

比例微分环节又称为一阶微分环节，其微分方程为

$$c(t)=\tau\frac{\mathrm{d}r(t)}{\mathrm{d}t}+r(t)$$

式中，τ 为微分时间常数。

比例微分环节的传递函数为

$$G(s)=K(\tau s+1)$$

比例微分环节的功能框图如图 2－28 所示。

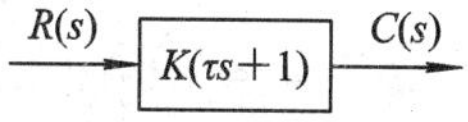

$$R(s) \longrightarrow \boxed{K(\tau s+1)} \longrightarrow C(s)$$

图 2－28　比例微分环节的功能框图

如图 2－29 所示为一比例微分调节器。

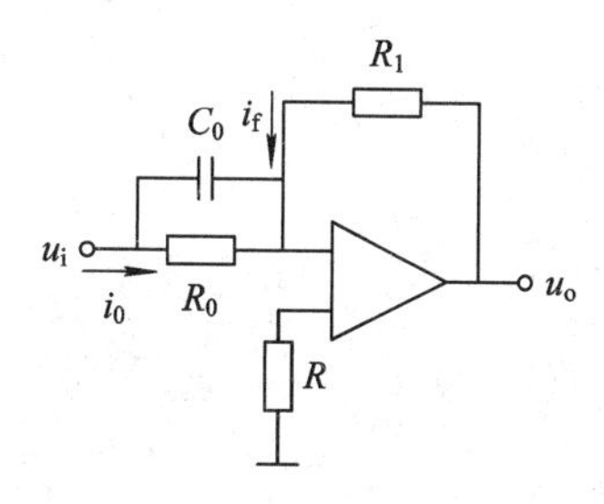

图 2－29　比例微分调节器

2.5.6　振荡环节

振荡环节包含两个储能元件，能量在两个元件之间相互转换，因而其输出出现振荡现象。例如，*RLC* 电路的输出与输入电压间的传递函数，以及机械阻尼系统的传递函数等都是典型的振荡环节。振荡环节的微分方程为

$$T^2\frac{\mathrm{d}^2c(t)}{\mathrm{d}t^2}+2T\xi\frac{\mathrm{d}c(t)}{\mathrm{d}t}+c(t)=r(t)$$

振荡环节的传递函数为

$$G(s)=\frac{1}{T^2s^2+2T\xi s+1}=\frac{\omega_n^2}{s^2+2\xi\omega_n s+\omega_n^2}$$

式中，$\omega_n=1/T$，称为无阻尼自然振荡频率；ξ 称为阻尼系数。振荡环节的功能框图如图

2－30 所示。

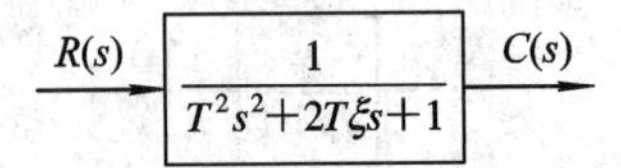

图 2－30　振荡环节的功能框图

直流电动机的数学模型就是一个振荡环节，我们在前面已经作过介绍。在如图 2－31 所示的 RLC 串联电路中，其输入电压为 u_r，输出电压为 u_C。

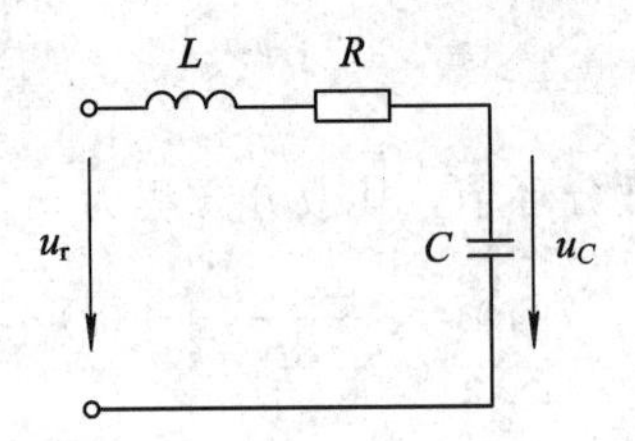

图 2－31　RLC 串联电路

振荡环节的特点是有两个独立的储能元件，并可进行能量交换，其输出出现振荡。

2.5.7　延迟环节

延迟环节也称时滞环节，是一个线性环节，例如，管道压力、流量等物理量的控制，其数学模型就包含有延迟环节。延迟环节的微分方程为

$$c(t)=r(t-\tau_0)$$

延迟环节的传递函数为

$$G(s)=\mathrm{e}^{-\tau_0 s}=\frac{1}{\mathrm{e}^{\tau_0 s}}$$

式中，τ_0 为延迟时间。

延迟环节的功能框图如图 2－32 所示。

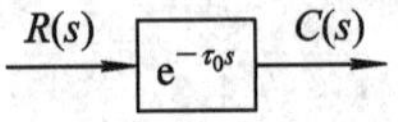

$R(s)\rightarrow\boxed{\mathrm{e}^{-\tau_0 s}}\rightarrow C(s)$

图 2－32　延迟环节的功能框图

延迟环节的特点是输出波形与输入波形相同，但延迟了时间 τ_0。延迟环节的存在对系统的稳定性不利。

2.6　自动控制系统的传递函数

自动控制系统一般形式的典型框图如图 2－33 所示。系统的输入量包括给定信号和干扰信号。对于线性系统，可以分别求出给定信号和干扰信号单独作用下系统的传递函数。当两信号同时作用于系统时，可以应用叠加定理，求出系统的输出量。为了便于分析系统，下面给出系统的几种传递函数表示法。

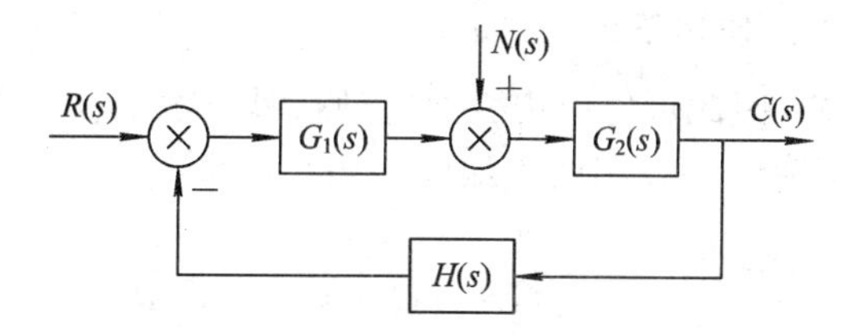

图 2 - 33　自动控制系统的一般形式

2.6.1　闭环控制系统的开环传递函数

可以定义闭环控制系统的开环传递函数为

$$G_0(s) \overset{\text{def}}{=\!=} \frac{B(s)}{R(s)} = G_1(s)G_2(s)H(s)$$

注意：$G_0(s)$为闭环控制系统的开环传递函数，这里是指断开主反馈通路（开环）而得到的传递函数，而不是开环系统的传递函数。

2.6.2　闭环控制系统的闭环传递函数

1. 在输入量 $R(s)$作用下的闭环传递函数和系统的输出

在输入量$R(s)$作用下的闭环传递函数和系统的输出若仅考虑输入量$R(s)$作用，则可暂略去扰动量$N(s)$。则由图 2 - 33 可得输出量$C(s)$对输入量的闭环传递函数$G_R(s)$为

$$G_R(s) = \frac{C_R(s)}{R(s)} = \frac{G_1(s)G_2(s)}{1+G_1(s)G_2(s)H(s)}$$

此时系统的输出量$C_R(s)$为

$$C_R(s) = G_R(s)R(s) = \frac{G_1(s)G_2(s)}{1+G_1(s)G_2(s)H(s)} \cdot R(s)$$

2. 在扰动量 $N(s)$作用下的闭环传递函数和系统的输出

若仅考虑扰动量$N(s)$作用，则可暂略去输入信号$R(s)$。图 2 - 34(a)可化简为如图 2 - 34(b)所示的等效形式。因此，得输出量$C(s)$对输入量的闭环传递函数$G_N(s)$为

$$G_N(s) = \frac{C_N(s)}{N(s)} = \frac{G_2(s)}{1+G_1(s)G_2(s)H(s)}$$

此时系统的输出量$C_N(s)$为

$$C_N(s) = G_N(s)N(s) = \frac{G_2(s)}{1+G_1(s)G_2(s)H(s)}N(s)$$

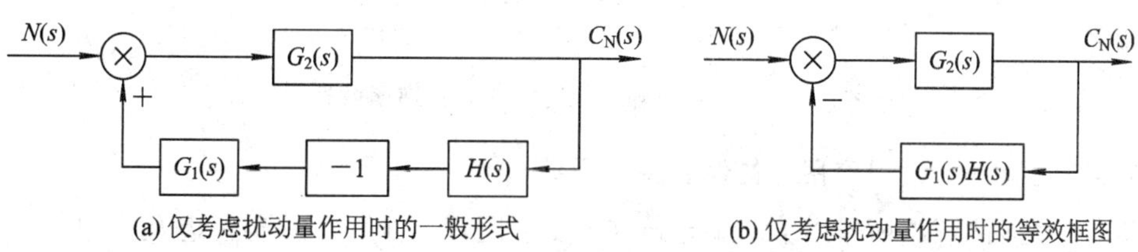

图 2 - 34　扰动量作用时的框图

3. 在 $R(s)$ 和 $N(s)$ 共同作用下系统的输出

设此系统为线性系统，因此可以应用叠加定理：即当输入量和扰动量同时作用时，系统的输出可看成两个作用量分别作用的叠加。于是有

$$C(s)=C_{R}(s)+C_{N}(s)=\frac{G_{1}(s)G_{2}(s)}{1+G_{1}(s)G_{2}(s)H(s)}R(s)+\frac{G_{2}(s)}{1+G_{1}(s)G_{2}(s)H(s)}N(s)$$

2.6.3　闭环控制系统的偏差传递函数

在对自动控制系统的分析中，除了要了解输出量的变化规律外，还要关心误差的变化规律。控制误差的大小，也就达到了控制系统的精度的目的，而偏差与误差之间存在一一对应的关系，因此通过偏差可达到分析误差的目的。

闭环控制系统偏差传递函数的一般形式如图 2-35 所示。我们暂且规定，系统的偏差 $e(t)$ 为被控量 $c(t)$ 的测量信号 $b(t)$ 与给定信号 $r(t)$ 之差，即

$$e(t)=r(t)-b(t)$$

则

$$E(s)=R(s)-B(s)$$

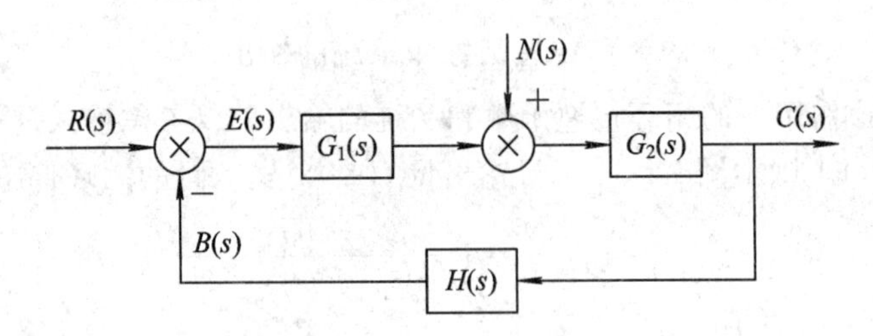

图 2-35　闭环控制系统偏差传递函数的一般形式

1. 只有输入量 $R(s)$ 作用下的偏差传递函数

若求输入量 $R(s)$ 作用下的偏差传递函数，则可暂略去扰动量 $N(s)$ 的影响。如图 2-36所示为在输入量 $R(s)$ 作用下偏差的结构图。所以有

$$G_{ER}(s)=\frac{E_{R}(s)}{R(s)}=\frac{1}{1+G_{1}(s)G_{2}(s)H(s)}=\frac{1}{1+G_{0}(s)}$$

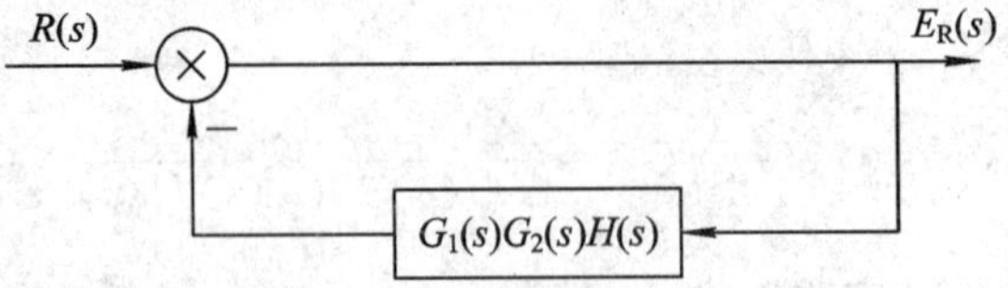

图 2-36　仅考虑输入量时的偏差传递函数框图

2. 只有扰动量 $N(s)$ 作用下的偏差传递函数

若求在扰动量 $N(s)$ 作用下的偏差传递函数，同理，可暂略去输入量 $R(s)$ 的影响，如图 2-37 所示。所以

$$G_{EN}(s)=\frac{E_N(s)}{N(s)}=\frac{-G_2(s)H(s)}{1+G_1(s)G_2(s)H(s)}=\frac{-G_2(s)H(s)}{1+G_0(s)}$$

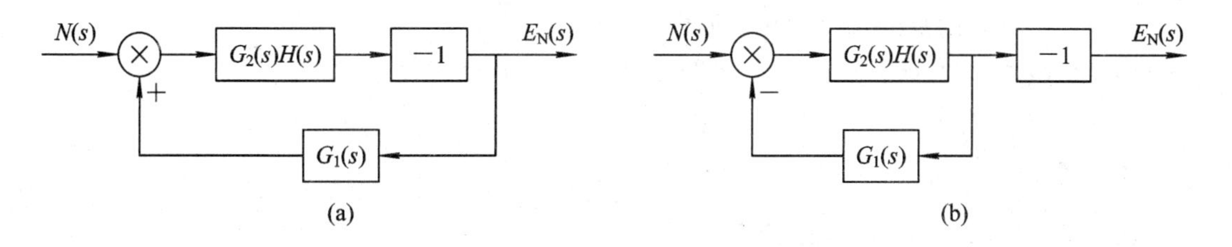

图 2－37　仅考虑扰动量作用时的偏差传递函数框图

3. 在 $R(s)$ 和 $N(s)$ 共同作用下的偏差传递函数

若在 $R(s)$ 和 $N(s)$ 同时作用下，则其偏差就为两者偏差之和，即

$$E(s)=E_R(s)+E_N(s)=\frac{1}{1+G_1(s)G_2(s)H(s)}R(s)-\frac{G_2(s)H(s)}{1+G_1(s)G_2(s)H(s)}N(s)$$

本章小结

（1）微分方程是系统的时间域模型，是最基本的数学模型。对一个实际系统，一般是从输入端开始，依次写出各元件或环节的微分方程，然后消去中间变量，并将方程整理成标准形式。

（2）传递函数是系统或环节在初始条件为零时输出量的拉氏变换与输入量的拉氏变换之比。传递函数只与系统本身的内部结构、参数有关，而与参考输入量、扰动量等外界因素无关，它表征的是系统或环节的固有特性，是自动控制系统中的复域模型，也是自动控制系统中最常用的数学模型。

（3）对于同一个系统，若选取的输入量和输出量不同，则其对应的微分方程和传递函数也不同。

（4）自动控制系统的框图是一种图形化的数学模型，它直观地显示了系统的结构特点、各参变量和控制量在系统中的地位，清楚地表明了各环节间的相互关系。

（5）控制系统框图可用框图代数或控制系统常用的传递函数简化公式来简化。

（6）传递函数 $G_0(s)$ 用来描述系统的固有特性，$G_R(s)$ 用来描述系统的跟随特性，$G_N(s)$ 用来描述系统的抗干扰性能，$G_{ER}(s)$ 用来研究系统输出跟随输入变化过程中的误差，$G_{EN}(s)$ 用来研究扰动量所引起的误差。

（7）闭环系统具有抗干扰能力，扰动的抑制只能从扰动信号引入点前的环节入手解决。闭环控制系统虽然能克服主通道上元件参数的变化，但对反馈元件的误差或参数的变化引起的误差或扰动却无能为力。

（8）当系统进入稳态后，若 $E(s)=0$，则称系统为无差系统；若 $E(s)\neq 0$，则称系统为有差系统。

习 题 2

2-1 求下列函数的拉氏变换。假设当 $t<0$ 时，$f(0)=0$。

(1) $f(t)=5(1-\cos 4t)$；　　(2) $f(t)=e^{-0.4t}\cos 8t$

2-2 若

$$F(s)=\frac{5}{s(s+1)}$$

求 $f(t)$，并求 $t=0$ 时的值 $f(0)$。

2-3 求下列象函数的拉氏变换式。

(1) $F(s)=\dfrac{1}{s(s+1)}$

(2) $F(s)=\dfrac{s+1}{(s+2)(s+3)}$

(3) $F(s)=\dfrac{4(s+3)}{(s+2)^2(s+1)}$

(4) $F(s)=\dfrac{s^2+5s+2}{(s+2)(s^2+2s+2)}$

2-4 方框图的等效原则是什么？

2-5 试建立图 2-38 所示电路的微分方程。

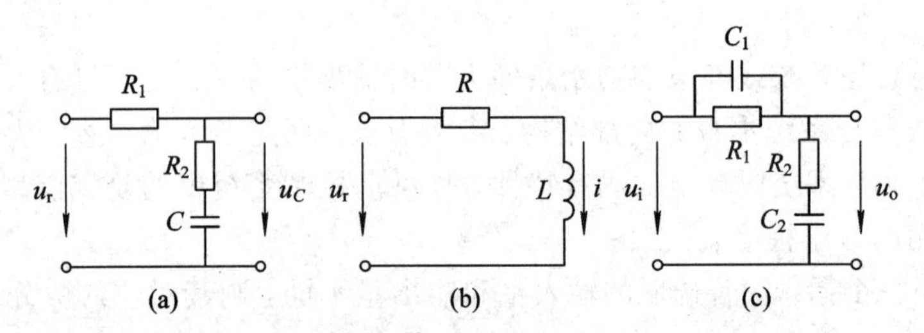

图 2-38 题 2-5 图

2-6 试求图 2-39 所示电路的传递函数。

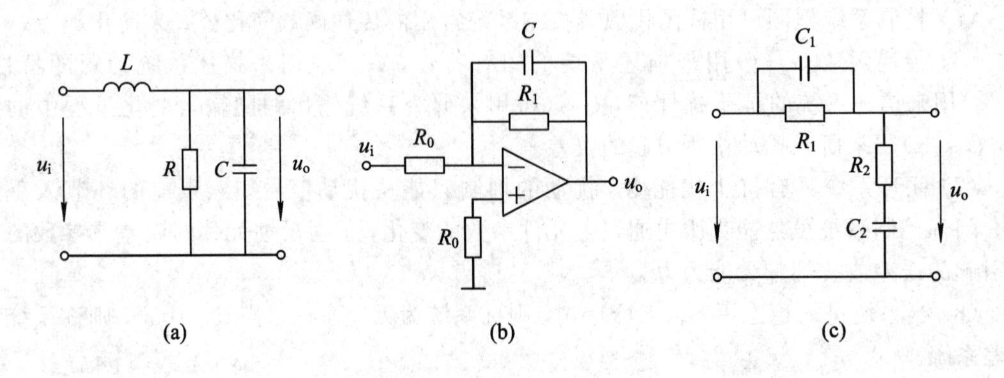

图 2-39 题 2-6 图

2-7　求题图 2-40 所示有源网络的传递函数 $U_o(s)/U_i(s)$。

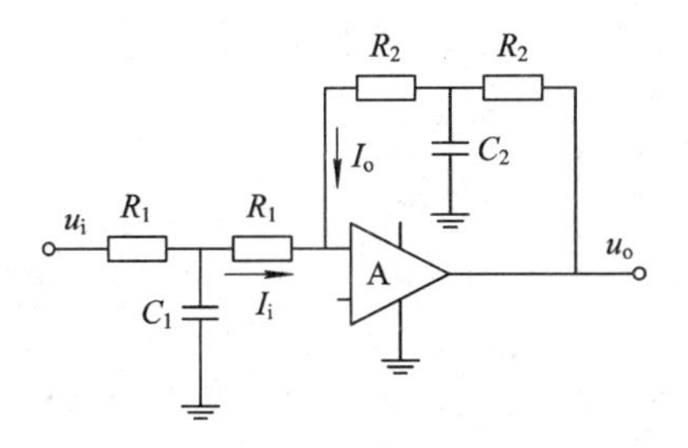

图 2-40　题 2-7 图

2-8　求取图 2-41 所示电路的传递函数。

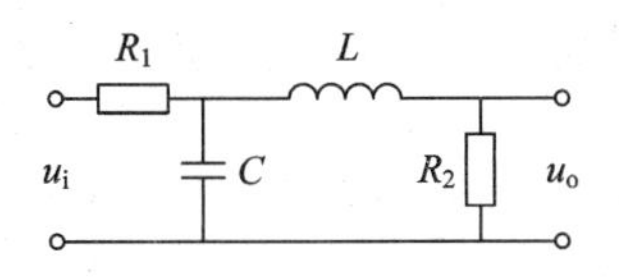

图 2-41　题 2-8 图

2-9　电路如图 2-42 所示，试求系统的传递函数 $G_r(s)$、$G_N(s)$、$E_r(s)$、$E_N(s)$。

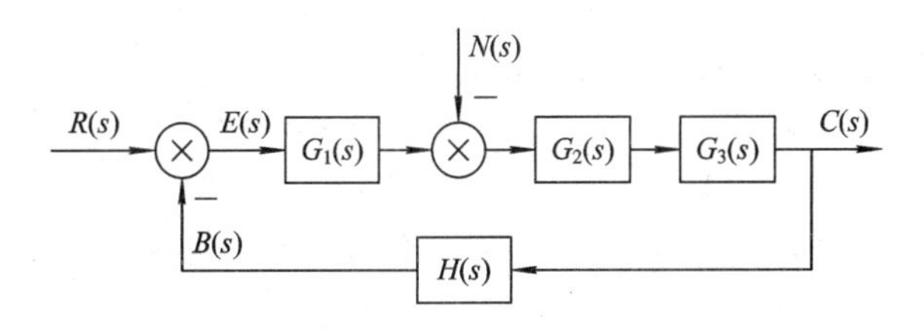

图 2-42　题 2-9 图

2-10　已知某系统零初始条件下的单位阶跃响应为 $c(t)=1-e^{-10t}$，试求系统的传递函数。

2-11　化简如图 2-43 所示系统的结构图，并求其传递函数。

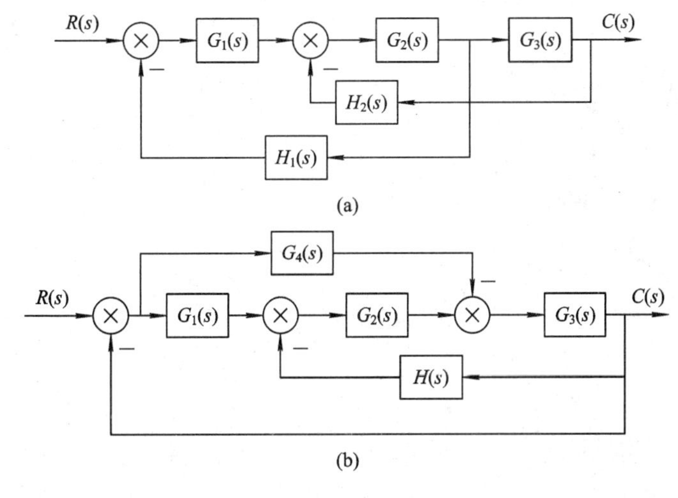

图 2-43　题 2-11 图

2-12　已知系统的结构图如图 2-44 所示，试通过结构图等效变换及用梅逊公式求取 $C(s)/R(s)$。

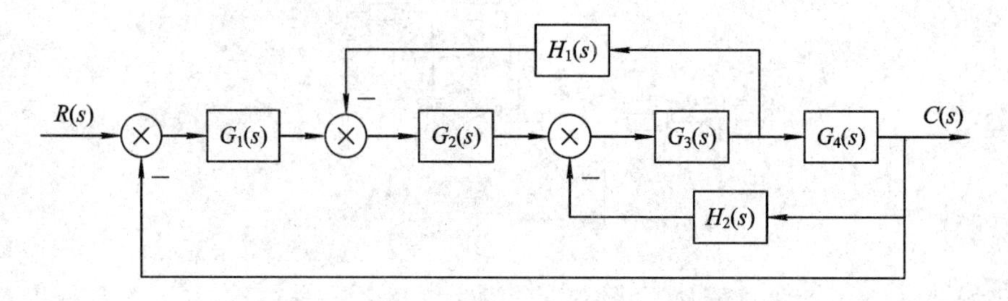

图 2-44　题 2-12 图

2-13　化简图 2-45 所示系统的结构图，并求其传递函数。

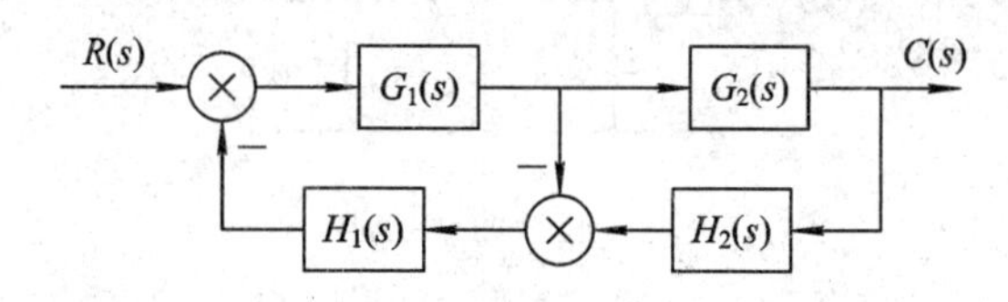

图 2-45　题 2-13 图

2-14　试用 SIMULINK 对开环传递函数为

$$G(s)=\frac{10}{s(s+5)}$$

的单位负反馈系统建模，并分析阶跃响应时系统的输出响应曲线。

第 3 章　自动控制系统的时域分析

在建立起控制系统的数学模型之后，需要分析系统的动态性能和稳态性能。常用的分析方法有时域分析法、根轨迹法和频域分析法。三种方法各有其使用方法和对象。其中时域分析是指控制系统在一定的输入下，根据输出量的时域表达式分析系统的稳定性、瞬态和稳态性能。由于时域分析是直接在时间域中对系统进行分析的方法，因此时域分析具有直观和准确的优点，是一种最基本的分析法。本章将主要讨论一阶系统、二阶系统、典型系统的数学模型、典型时间响应和时域中的动态、静态指标。

3.1　典型信号与系统的时域性能指标

为了便于分析控制系统的动态、静态指标，以了解其性能，常常用某种典型信号来模拟实际系统的接收信号，通过分析这些典型信号对控制系统输出量的影响，确定实际系统性能的好坏。首先我们来认识这些典型输入信号及其时间响应。

3.1.1　典型输入信号及其时间响应

典型输入信号是对众多复杂的实际信号的一种近似和抽象，它的选择不仅应使数学运算简单，而且应便于用实验来验证。控制系统中常采用的典型输入信号有阶跃信号、斜坡信号、抛物线信号、脉冲信号、正弦信号等。它们的典型时间响应是指初始状态为零的系统在典型输入信号作用下输出量的动态响应。

1. 单位阶跃信号及其时间响应

单位阶跃信号表示输入量的瞬间突变过程，如图 3－1 所示。其拉氏变换为

$$\mathscr{L}[1(t)]=\mathscr{L}[1]=\frac{1}{s}$$

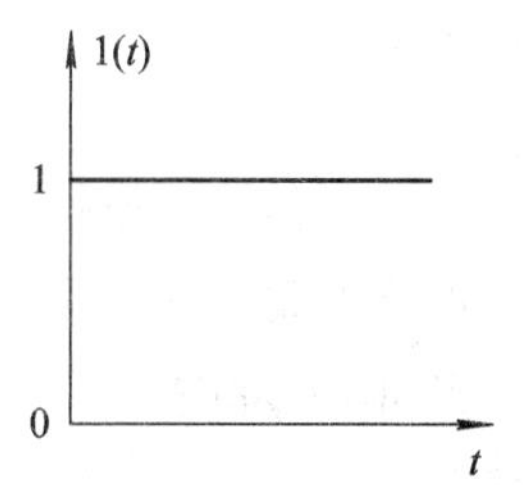

图 3－1　单位阶跃信号

控制系统在单位阶跃信号作用下的时间响应称为单位阶跃响应。设系统的闭环传递函数为 $\Phi(s)$，则单位阶跃响应的拉氏变换式为

$$C(s)=\Phi(s)\cdot R(s)=\Phi(s)\cdot\frac{1}{s}$$

故其时间响应为

$$c(t)=\mathscr{L}^{-1}\left[\Phi(s)\cdot\frac{1}{s}\right]$$

在时域分析中，阶跃信号用得最为广泛。如实际应用中电源的突然接通、负载的突变、指令的突然转换等均可近似看做阶跃信号。

2. 单位斜坡信号及其时间响应

单位斜坡信号也称等速度函数信号，它表示由零值开始随时间 t 线性增长的信号，如图 3-2 所示。其拉氏变换为

$$\mathscr{L}[t\cdot 1(t)]=\mathscr{L}[t]=\frac{1}{s^2}$$

系统在单位斜坡信号作用下的时间响应称为单位斜坡响应。单位斜坡响应的拉氏变换式为

$$C(s)=\Phi(s)\cdot R(s)=\Phi(s)\cdot\frac{1}{s^2}$$

故其时间响应为

$$c(t)=\mathscr{L}^{-1}\left[\Phi(s)\cdot\frac{1}{s^2}\right]$$

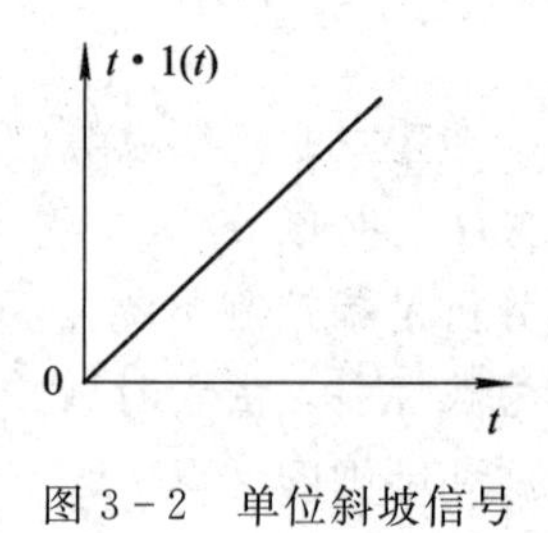

图 3-2　单位斜坡信号

随动系统中恒速变化的位置指令信号、数控机床加工斜面时的进给指令、大型船闸匀速升降时主拖动系统发出的位置信号等都是斜坡信号的实例。

3. 单位抛物线信号及其时间响应

单位抛物线信号亦称等加速度信号，它表示随时间以等加速度增长的信号，如图 3-3 所示。其拉氏变换为

$$\mathscr{L}[r(t)]=\mathscr{L}\left[\frac{t^2}{2}\right]=\frac{1}{s^3}$$

系统在单位抛物线信号作用下的时间响应称为单位抛物线响应。单位抛物线响应的拉氏变换式为

$$C(s)=\Phi(s)\cdot R(s)=\Phi(s)\cdot\frac{1}{s^3}$$

故其时间响应为

$$c(t)=\mathscr{L}^{-1}\left[\Phi(s)\cdot\frac{1}{s^3}\right]$$

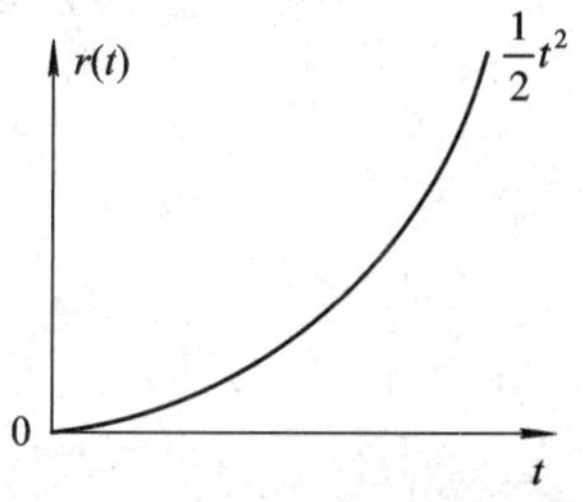

图 3-3　单位抛物线信号

抛物线信号可模拟以恒定加速度变化的物理量。

4. 单位脉冲信号及其时间响应

脉冲信号可看做一个持续时间极短的信号，如图 3-4(a)所示。它的数学表达式也可表示为

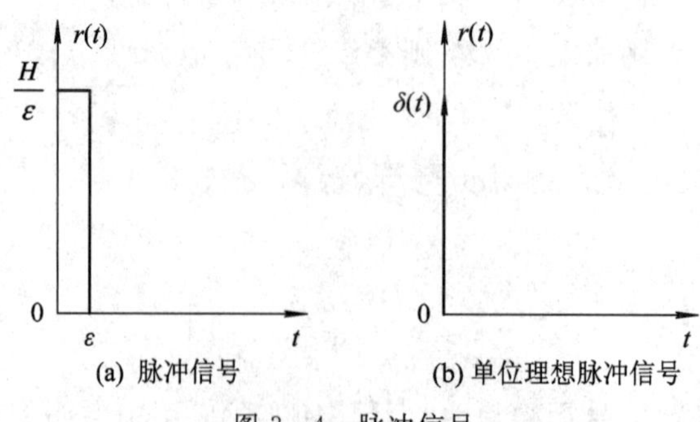

(a) 脉冲信号　　(b) 单位理想脉冲信号

图 3-4　脉冲信号

$$r(t)=\begin{cases}0 & t<0 \text{ 或 } t>\varepsilon \\ \dfrac{H}{\varepsilon} & 0\leqslant t\leqslant\varepsilon\end{cases}$$

当 $H=1$ 时，记为 $\delta_\varepsilon(t)$。若令脉宽 $\varepsilon\to 0$，则称其为单位理想脉冲函数，见图 3-4(b)，并用 $\delta(t)$表示。

即

$$\delta(t)=\lim_{\varepsilon\to 0}\delta_\varepsilon(t)=\begin{cases}0 & t\neq 0 \\ \infty & t=0\end{cases}$$

其面积(又称脉冲强度)为

$$\int_{-\infty}^{+\infty}\delta(t)\mathrm{d}t=1$$

其拉氏变换为

$$\mathscr{L}[\delta(t)]=1$$

在自动控制系统中，单位脉冲函数相当于一个瞬时的扰动信号。如脉动电压信号、冲击力、阵风或大气湍流等，均可近似为脉冲作用。

系统在单位脉冲信号作用下的时间响应称为单位脉冲响应。单位脉冲响应的拉氏变换式为

$$C(s)=\Phi(s)\cdot R(s)=\Phi(s)\cdot 1$$

故其时间响应为

$$c(t)=\mathscr{L}^{-1}[\Phi(s)\cdot 1]=\mathscr{L}^{-1}[\Phi(s)]$$

由上述可知，四种响应之间的关系可描述为：单位阶跃响应对时间的积分为单位斜坡响应，单位斜坡响应对时间的导数就是单位阶跃响应；单位阶跃响应对时间的导数即为单位脉冲响应，单位脉冲响应对时间的积分即为单位阶跃响应；单位抛物线响应对时间的导数即为单位斜坡响应，单位斜坡响应对时间的积分即为单位抛物线响应。因此，我们在以后对系统进行分析时，只讨论其中一种响应就可以了。

上述几种典型响应有如下关系：

$$\text{单位脉冲}\ \underset{\text{求导}}{\overset{\text{积分}}{\rightleftarrows}}\ \text{单位阶跃}\ \underset{\text{求导}}{\overset{\text{积分}}{\rightleftarrows}}\ \text{单位斜坡}\ \underset{\text{求导}}{\overset{\text{积分}}{\rightleftarrows}}\ \text{单位抛物线}$$

5. 正弦信号及其时间响应

正弦信号的数学表达式为

$$r(t)=\begin{cases}0 & t<0 \\ A\sin\omega t & t\geqslant 0\end{cases}$$

其拉氏变换为

$$\mathscr{L}[r(t)]=\mathscr{L}[A\sin\omega t]=\frac{A\omega}{s^2+\omega^2}$$

正弦信号主要用于求系统的频率响应。在实际控制过程中，电源及振动的噪声、海浪对船舶的扰动力等，均可近似为正弦信号的作用。

系统在正弦信号作用下的拉氏变换式为

$$C(s)=\Phi(s)\cdot R(s)=\Phi(s)\cdot\frac{A\omega}{s^2+\omega^2}$$

故其时间响应为

$$C(t)=\mathscr{L}^{-1}\left[\Phi(s)\cdot\frac{A\omega}{s^2+\omega^2}\right]$$

正弦信号作用下系统的时间响应将在第 4 章详细讨论。

3.1.2 控制系统的时域性能指标

在典型信号作用下，控制系统的时间响应是由动态过程和稳态过程两部分组成的。所以控制系统的时域性能指标，通常由动态性能指标和稳态性能指标两部分组成。

动态过程又称为过渡过程或瞬态过程，是指系统从初始状态到接近最终状态的响应过程。动态过程由动态性能描述。稳态过程又称稳态响应，对于稳定的系统，是指当输入有界时，时间 t 趋于无穷时系统的输出状态。稳态过程表征系统输出量最终复现输入量的程度，提供系统有关稳态误差的信息。稳态过程用稳态性能描述。

通常采用阶跃信号作为输入信号来分析控制系统的性能。一般情况下，如果系统在阶跃信号作用下，控制系统的动态性能满足要求，那么控制系统在其他形式的函数作用下，其动态性能也是令人满意的。系统在零初始条件下的单位阶跃响应如图 3-5 所示。其性能指标包括如下六项。

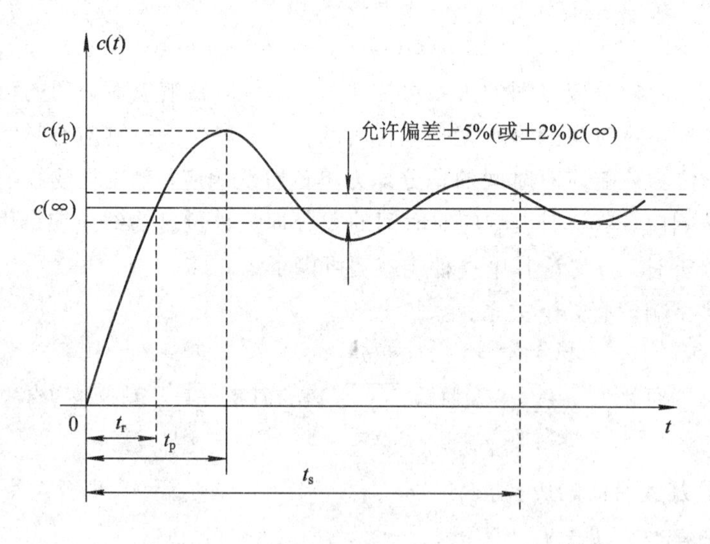

图 3-5 阶跃响应的性能指标曲线

1. 上升时间 t_r

上升时间 t_r 是指系统的单位阶跃响应曲线从 0 开始第一次上升到稳态值所需的时间。t_r 越小，表明系统动态响应越快。

2. 峰值时间 t_p

峰值时间 t_p 是指系统的单位阶跃响应曲线从 0 开始，越过稳态值，第一次到达峰值所需的时间。t_p 同 t_r 一样，也反映的是系统响应初始阶段的快速性。

3. 最大超调量 σ%

最大超调量 $\sigma\%$ 是指系统的单位阶跃响应曲线超出稳态值的最大偏离量占稳态值的百分比。即

$$\sigma\% = \frac{c(t_p) - c(\infty)}{c(\infty)} \times 100\%$$

若 $c(t_p) < c(\infty)$，则响应无超调。$\sigma\%$ 反映的是系统响应过程中平稳性的状况。

4. 调整时间 t_s

调整时间 t_s 是指系统的单位阶跃响应曲线达到并保持在稳态值的 $\pm 5\%$（或 $\pm 2\%$）误差范围内，即输出响应进入并保持在 $\pm 5\%$（或 $\pm 2\%$）误差带之内所需的时间。t_s 越小，表示系统动态响应过程越短，系统快速性越好。

5. 振荡次数 N

振荡次数 N 指在调节时间 t_s 内，系统输出量在稳态值上下摆动的次数。次数越少，表明系统稳定性越好。

6. 稳态误差 e_{ss}

稳态误差 e_{ss} 指响应的稳态值与期望值之差。对复现单位阶跃输入信号的系统而言，常取 $e_{ss} = 1 - c(\infty)$。

以上六个指标中，前五个是动态性能指标，其中三个时间指标 t_r、t_p 和 t_s 反映了系统的快速性，最大超调量 $\sigma\%$ 和振荡次数 N 反映了系统在过渡过程中的平稳程度。稳态误差 e_{ss} 是稳态性能指标，表征了系统响应的稳态精度，反映的是系统的准确性。

3.2　控制系统的稳定性分析

3.2.1　稳定的基本概念

稳定性是控制系统的重要性能，也是系统能够正常运行的首要条件。控制系统在实际运行过程中，总会受到外界和内部一些因素的扰动，例如负载和能源装置的波动、系统参数的变化、环境条件的改变等。如果系统不稳定，就会在任何微小的扰动作用下偏离原来的平衡状态，并随时间的推移而发散。稳定性是系统去掉扰动以后，自身的一种恢复能力，是系统的一种固有特性。这种固有的稳定性只取决于系统的结构和参数，而与系统的初始条件及外作用无关。如图 3-6(a)所示的系统就是不稳定的，如图 3-6(b)所示的系统是稳定的。因此，如何分析系统的稳定性并提出保证系统稳定的措施，是自动控制理论的基本任务之一。

稳定的基本概念：设系统处于某一起始的平衡状态，在外作用的影响下，离开了该平衡状态，当外作用消失后，如果经过足够长的时间它能回复到原来的起始平衡状态，则称这样的系统为稳定系统。否则为不稳定系统。

系统的稳定性概念又分为绝对稳定性和相对稳定性两种。系统的绝对稳定性是指系统稳定（或不稳定）的条件，即形成如图 3-6(b)所示状况的充要条件。系统的相对稳定性是

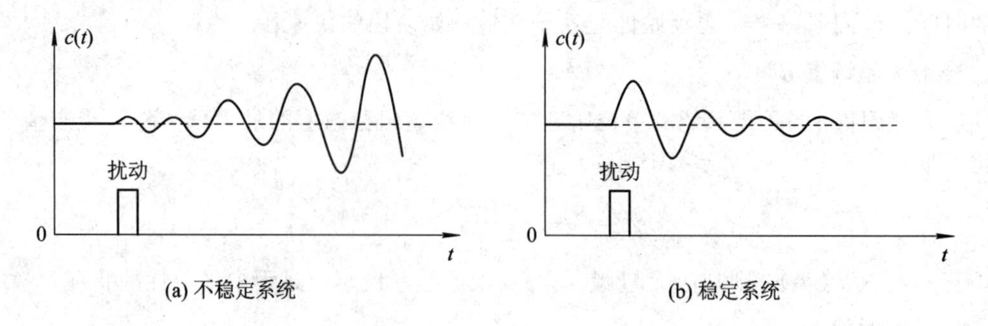

(a) 不稳定系统　　(b) 稳定系统

图 3-6　不稳定系统与稳定系统

指稳定系统的稳定程度，例如，图 3-7(a)所示系统的相对稳定性就明显好于图 3-7(b)所示的系统。

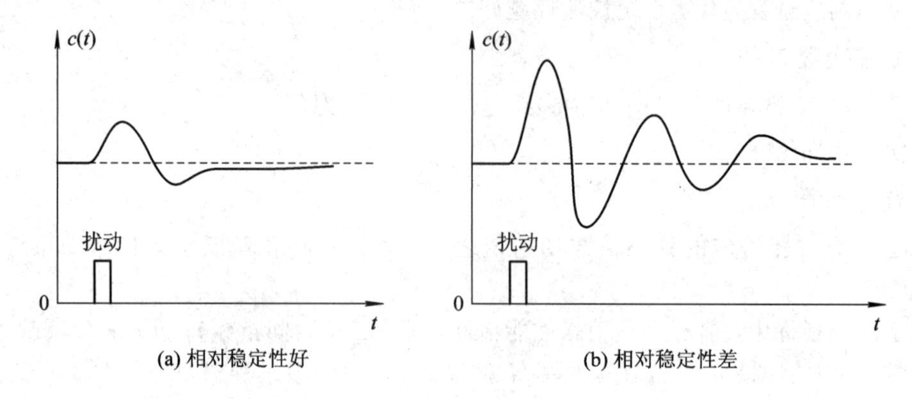

(a) 相对稳定性好　　(b) 相对稳定性差

图 3-7　自动控制系统的相对稳定性

3.2.2　线性系统稳定的充分必要条件

稳定是自动控制系统能够正常工作的首要条件。由图 3-7 可以看出，稳定的系统，其过渡过程是收敛的，也就是说，其输出量的动态分量必须渐趋于零。用数学的方法来研究控制系统的稳定性，可以得出系统稳定的充要条件是：其闭环系统特征方程的所有根必须具有负实部。也就是说，系统稳定的条件是闭环特征方程的所有根必须分布在 s 平面的左半开平面上。s 平面的虚轴则是稳定的边界。如图 3-8 所示。

由上述可知，系统稳定与否取决于特征方程的根，即取决于系统本身的结构和参数，而与输入信号的形式无关。

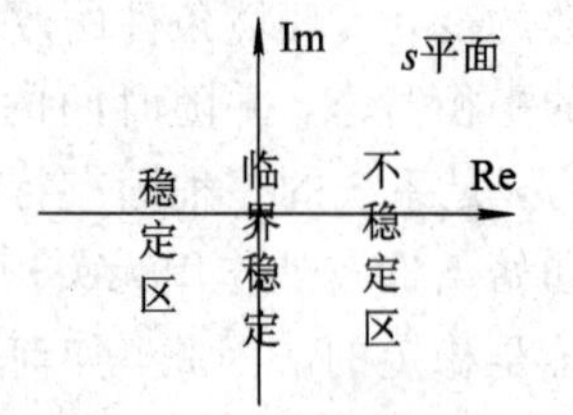

图 3-8　s 平面的稳定情况

如果特征方程中有一个正实根，则它所对应的指数项将随时间单调增长；如果特征方程中有一对实部为正的共轭复根，则它的对应项是发散的周期振荡。这两种情况下系统都是不稳定的。

如果特征方程中有一个零根，则它所对应的是一个常数项，系统可在任何状态下平衡，称为随遇平衡状态。

如果特征方程中有一对共轭虚根，则它所对应的是等幅的周期振荡，称为临界平衡状态(或临界稳定状态)。从控制工程的角度认为临界稳定状态和随遇平衡状态都属于不稳定。

3.2.3　系统稳定性的代数判据

直接求解系统闭环特征方程的根，逐个检查是否具有负实部，以判定系统是否稳定，这种方法原则上是可行的，但实际上求解系统特征方程的工作是很费时的，特别是对高阶系统来说，尤为如此。因此，工程上常采用间接的方法，即不直接求解特征方程的根，而用一些判定系统稳定与否的判据，来判定系统是否稳定，这些判据有代数稳定判据和频率稳定判据等。代数稳定判据是根据闭环特征方程的根与系统的关系，通过对特征方程各项的系数进行一定的运算，得出所有特征根具有负实部的条件，以此判定系统是否稳定。代数稳定判据的方法较多，如赫尔维兹稳定判据、劳斯稳定判据、林纳德-奇伯特稳定判据等。下面仅介绍代数稳定判据的一种形式——劳斯稳定判据。

设系统的闭环特征方程为

$$a_0 s^n + a_1 s^{n-1} + \cdots + a_{n-1} s + a_n = 0$$

根据特征方程的各项系数排列成下列劳斯表：

$$\begin{array}{llllll}
s^n & a_0 & a_2 & a_4 & a_6 & \cdots \\
s^{n-1} & a_1 & a_3 & a_5 & a_7 & \cdots \\
s^{n-2} & b_1 & b_2 & b_3 & b_4 & \cdots \\
s^{n-3} & c_1 & c_2 & c_3 & \cdots & \\
\vdots & & & & & \\
s^2 & d_1 & d_2 & d_3 & & \\
s^1 & e_1 & e_2 & & & \\
s^0 & f_1 & & & &
\end{array}$$

表中

$$b_1 = \frac{a_1 a_2 - a_0 a_3}{a_1}, \quad b_2 = \frac{a_1 a_4 - a_0 a_5}{a_1}, \quad b_3 = \frac{a_1 a_6 - a_0 a_7}{a_1}, \quad \cdots$$

$$c_1 = \frac{b_1 a_3 - a_1 b_2}{b_1}, \quad c_2 = \frac{b_1 a_5 - a_1 b_3}{b_1}, \quad c_3 = \frac{b_1 a_7 - a_1 b_4}{b_1}, \quad \cdots$$

$$\vdots$$

$$f_1 = \frac{e_1 d_2 - d_1 e_2}{e_1}$$

1. 劳斯稳定判据的一般情况

若特征方程式的各项系数均大于 0(必要条件)，且劳斯表中第一列元素均为正值，则系统所有的特征根均位于 s 左半平面(所有特征根均具有负实部)，相应的系统是稳定的。否则，系统是不稳定的，且第一列元素符号改变的次数等于特征方程正实部根的个数。

例 3-1　设系统的特征方程为 $s^4 + 2s^3 + 3s^2 + 4s + 5 = 0$，试用劳斯稳定判据判断该系统的稳定性。

解　列写该系统的劳斯表为

$$
\begin{array}{llll}
s^4 & 1 & 3 & 5 \\
s^3 & 2 & 4 & 0 \\
s^2 & \dfrac{(2\times3)-(1\times4)}{2}=1 & 5 & \\
s^1 & \dfrac{(1\times4)-(2\times5)}{1}=-6 & & \\
s^0 & 5 & &
\end{array}
$$

由劳斯表看到，第一列有负数，说明系统是不稳定的。其符号变化两次，表示有两个极点在 s 的右半平面，且有两个正实部根。

例 3-2 某单位负反馈系统的开环传递函数为

$$G(s)=\frac{K}{s(0.1s+1)(0.25s+1)}$$

试确定系统稳定时 K 值的范围。

解 该单位负反馈系统的闭环特征方程为

$$s(0.1s+1)(0.25s+1)+K=0$$

整理得

$$0.025s^3+0.35s^2+s+K=0$$

系统稳定的必要条件为 $a_i>0$，则要求 $K>0$。

列劳斯表为

$$
\begin{array}{lll}
s^3 & 0.025 & 1 \\
s^2 & 0.35 & K \\
s^1 & \dfrac{0.35-0.025K}{0.35} & \\
s^0 & K &
\end{array}
$$

使 $\dfrac{0.35-0.025K}{0.35}>0$，得

$$K<14$$

因此，当系统增益 $0<K<14$ 时，系统才稳定。

2. 劳斯稳定判据的特殊情况

(1) 劳斯表中某行的第一列项为零，而其余各项不为零或不全为零。这种情况下，可用一个很小的正数 ε 来代替这个零，从而可使计算工作继续进行下去(否则下一行将出现∞)。

例 3-3 已知某系统的特征方程为 $s^4+3s^3+s^2+3s+1=0$，试判断该系统的稳定性。

解 系统劳斯表为

$$
\begin{array}{llll}
s^4 & 1 & 1 & 1 \\
s^3 & 3 & 3 & \\
s^2 & \varepsilon & 1 & \\
s^1 & 3-\dfrac{3}{\varepsilon} & & \\
s^0 & 1 & &
\end{array}
$$

因为 ε 是很小的正数，$3-3/\varepsilon<0$，所以劳斯表的第一列系数变号两次，可见该系统是不稳定的，且有两个正实部根。

(2) 劳斯表中出现全零行。

这种情况表明特征方程中存在大小相等、符号相反的特征根。此时，可用全零行上一行的系数构造一个辅助方程 $F(s)=0$，并将辅助方程对 s 求导，用所得微分方程的系数取代全零行，这样便可继续运算下去，直至得到完整的劳斯计算表。

例 3-4　某控制系统的特征方程为 $s^5+3s^4+12s^3+24s^2+32s+48=0$，试判断系统的稳定性。

解　系统劳斯表为

$$
\begin{array}{llll}
s^5 & 1 & 12 & 32 \\
s^4 & 3 & 24 & 48 \\
s^3 & 4 & 16 & \\
s^2 & 12 & 48 & \\
s^1 & 0 & 0 &
\end{array}
$$

劳斯表无法往下排列。此时可用全零行上一行的系数构造一个辅助方程 $F(s)=0$，即 $F(s)=12s^2+48=0$，并将辅助方程对 s 求导，得

$$\frac{\mathrm{d}F(s)}{\mathrm{d}s}=24s=0$$

用系数 24 取代全零行，并将劳斯表排完，即

$$
\begin{array}{llll}
s^5 & 1 & 12 & 32 \\
s^4 & 3 & 24 & 48 \\
s^3 & 4 & 16 & \\
s^2 & 12 & 48 & \\
s^1 & 24 & 0 & \\
s^0 & 48 & &
\end{array}
$$

由劳斯表可知，该系统的特征方程在 s 右半平面上没有特征根，但 s^1 行为全零行，表明特征方程中存在大小相等、符号相反的特征根。由辅助方程 $F(s)=0$ 可得根为 $\pm \mathrm{j}2$，显然系统处于临界稳定状态。

(3) 系统闭环特征方程式的各项系数不全为正数。

当系统的特征方程出现各项系数不全为正数的情况时，说明该系统不符合特征方程式的各项系数均大于 0 的必要条件，此系统属于不稳定系统(结构不稳定系统)。此类系统若要稳定，必须改变其结构，也就是说，要改变其特征方程。

3.3　一阶系统的时域分析

3.3.1　一阶系统的数学模型

用一阶微分方程描述的控制系统称为一阶系统。它是控制系统的最基本形式。一阶 RC 电路、直流发电机、热处理炉、恒温箱等都是一阶系统的实例。如图 3-9 所示为一阶

RC 电路。

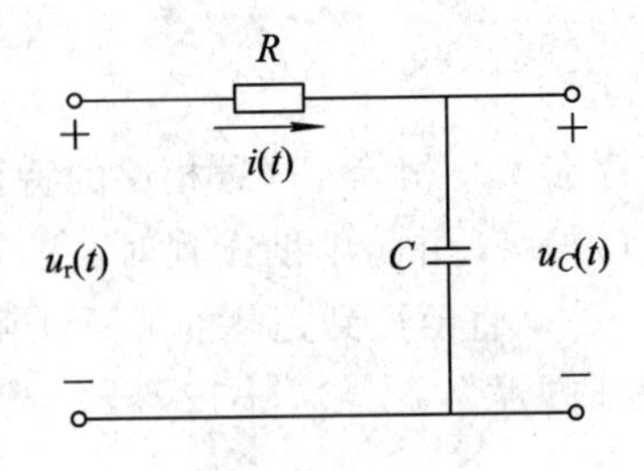

图 3-9 一阶 RC 电路

一阶系统的微分方程为

$$T\frac{dc(t)}{dt}+c(t)=r(t)$$

式中，T 为时间常数，是表征一阶系统惯性的重要参数。

在零初始条件下，对一阶系统的微分方程式进行拉氏变换，得

$$C(s)=\frac{1}{Ts}\cdot[R(s)-C(s)]$$

由此可画出其闭环结构图，如图 3-10 所示。

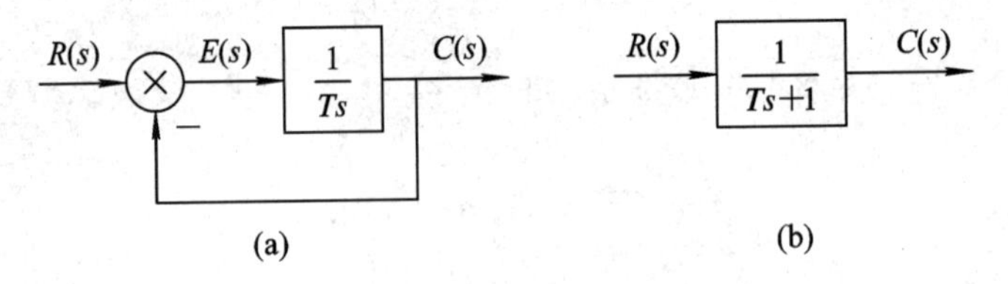

图 3-10 一阶系统的动态结构图

由结构图可知一阶系统的闭环传递函数为

$$\Phi(s)=\frac{C(s)}{R(s)}=\frac{1/Ts}{1+1/Ts}=\frac{1}{Ts+1}$$

3.3.2 一阶系统单位阶跃响应的性能指标

当 $r(t)=1(t)$时，有

$$R(s)=\frac{1}{s}$$

则

$$C(s)=\Phi(s)\cdot R(s)=\frac{1}{Ts+1}\cdot\frac{1}{s}=\frac{1}{s}-\frac{T}{Ts+1}=\frac{1}{s}-\frac{1}{s+1/T}$$

对上式进行拉氏反变换，得一阶系统的单位阶跃响应式为

$$c(t)=1-e^{-\frac{t}{T}}\qquad t\geqslant 0$$

式中，第一项为系统输出量的稳态分量，第二项为系统输出量的动态分量。一阶系统的单位阶跃响应曲线如图 3-11 所示。它是一条按指数规律从零开始单调上升的曲线。当 $t=T$ 时，$c(t)=0.632$，这表明输出响应达到稳态值的 63.2%时所需的时间就是一阶系统的时

间常数。系统的时间常数越小，响应就越快。

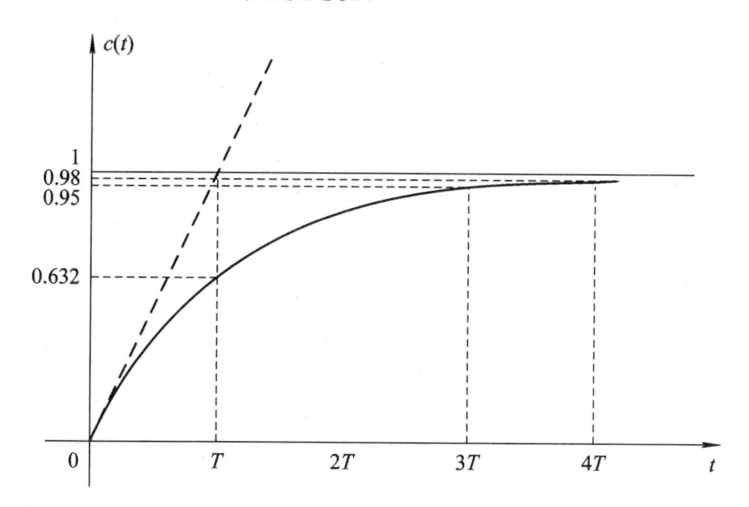

图 3-11　一阶系统的单位阶跃响应曲线

1. 动态性能指标

一阶系统的单位阶跃响应没有振荡，也就没有超调。减小时间常数可提高系统响应的速度。系统的动态性能指标主要是调节时间 t_s。从响应曲线可知：

当 $t=3T$ 时，$c(t)=0.95$，故 $t_s=3T$（按±5%误差带）；

当 $t=4T$ 时，$c(t)=0.98$，故 $t_s=4T$（按±2%误差带）。

2. 稳态性能指标

稳态性能主要指标是稳态误差。由图看出，一阶系统稳态值为 1。也可根据定义计算系统误差，即

$$e(t)=1-c(t)=\mathrm{e}^{-\frac{t}{T}}$$

则稳态误差为

$$e_{ss}=\lim_{t\to\infty}e(t)=0$$

例 3-5　已知某一阶系统开环传递函数为 $G(s)=10/s$，试求该系统单位阶跃响应的调整时间 t_s。

解　系统闭环传递函数为

$$\Phi(s)=\frac{\frac{10}{s}}{1+\frac{10}{s}}=\frac{1}{0.1s+1}$$

可知 $T=0.1(s)$，所以，$t_s=3T=0.3(s)$（±5%误差带）或 $t_s=4T=0.4(s)$（±2%误差带）。

例 3-6　已知某元部件的传递函数为

$$G(s)=\frac{10}{0.2s+1}$$

欲采用如图 3-12 所示引入负反馈的办法，将调节时间 t_s 减少到原来的 1/10，但总放大倍数保持不变，试选择 K_h 和 K_0 的值。

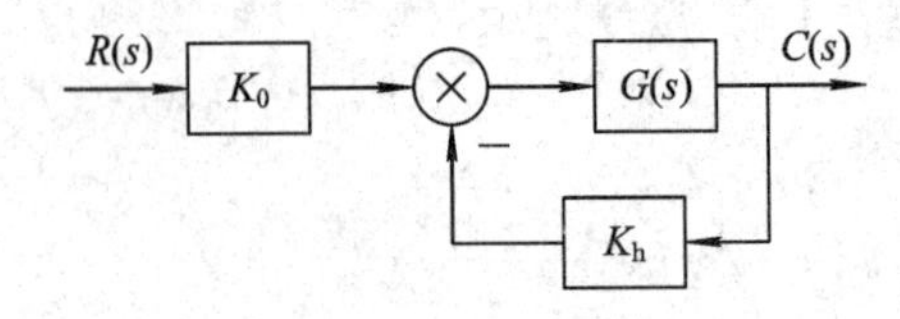

图 3-12 例题6图

解 根据题意，将调节时间 t_s 减少到原来的1/10，也即将 T 减少到原来的1/10。所以系统最终的闭环传递函数应为

$$\Phi(s)=\frac{10}{\frac{0.2}{10}s+1}$$

由结构图可知

$$\Phi(s)=\frac{K_0G(s)}{1+K_hG(s)}=\frac{10K_0}{0.2s+1+10K_h}=\frac{\frac{10K_0}{1+10K_h}}{\frac{0.2}{1+10K_h}s+1}=\frac{10}{\frac{0.2}{10}s+1}$$

可得

$$\begin{cases}\frac{10K_0}{1+10K_h}=10\\1+10K_h=10\end{cases}$$

故

$$\begin{cases}K_h=0.9\\K_0=10\end{cases}$$

3.4 二阶系统的时域分析

凡是由二阶微分方程描述的系统都称为二阶系统。二阶系统在控制工程中的应用极为普遍，如他励直流电动机转速控制系统、*RLC* 电路、小功率随动系统等都是二阶系统的实例。工程中许多高阶系统在一定条件下可用二阶系统来近似等效。因此，着重研究二阶系统的分析和计算方法具有重要意义。

3.4.1 二阶系统的数学模型

设输入信号为 $r(t)$，输出信号为 $c(t)$，那么二阶系统微分方程的一般形式为

$$\frac{\mathrm{d}^2c(t)}{\mathrm{d}t^2}+2\xi\omega_n\frac{\mathrm{d}c(t)}{\mathrm{d}t}+\omega_n^2c(t)=\omega_n^2r(t)$$

式中，ξ 为系统的阻尼比；ω_n 为系统的自然振荡(角)频率，单位为 rad/s。

零初始条件下，对二阶系统微分方程式进行拉氏变换并整理，得

$$C(s)=\frac{\omega_n^2}{s(s+2\xi\omega_n)}\cdot[R(s)-C(s)]$$

由此可画出典型的二阶系统结构，如图 3-13 所示。

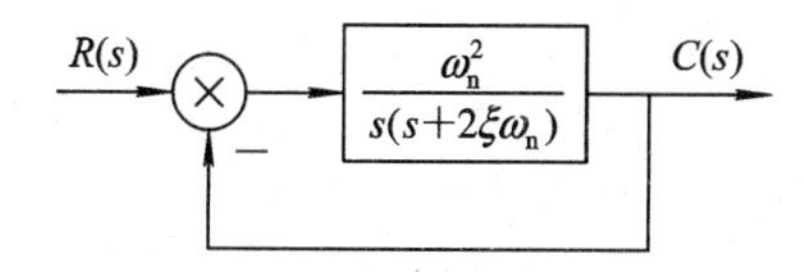

图 3-13　典型的二阶系统结构图

由结构图可求出二阶系统的开环传递函数为

$$G(s)=\frac{\omega_n^2}{s(s+2\xi\omega_n)}$$

因此，典型二阶系统的闭环传递函数为

$$\Phi(s)=\frac{\omega_n^2}{s^2+2\xi\omega_n s+\omega_n^2}$$

3.4.2　二阶系统的特征根及性质

由 3.2 节可知，控制系统的稳定性可由其闭环特征方程的根的情况判定。由二阶系统的闭环传递函数式可知，典型二阶系统的特征方程为

$$s^2+2\xi\omega_n s+\omega_n^2=0$$

其特征方程的两个根为

$$s_{1,2}=-\xi\omega_n\pm\omega_n\sqrt{\xi^2-1}$$

由此可见，ξ 和 ω_n 这两个参数决定了特征根的性质，是二阶系统的两个重要参数，自然振荡(角)频率 ω_n 为正数，因此二阶系统的动态、静态性能主要取决于 ξ 值的大小。

(1) 当 $\xi=0$ 时，系统有一对纯虚根，称为零阻尼状态，此时，系统的阶跃响应为持续的等幅振荡，即系统处于稳定边界。

(2) 当 $0<\xi<1$ 时，系统有一对实部为负的共轭复根，系统的阶跃响应是衰减振荡过程，即系统稳定，称为欠阻尼状态。

(3) 当 $\xi=1$ 时，系统有一对相等的负实根，系统的阶跃响应是非周期地趋于稳态值，称为临界阻尼状态。

(4) 当 $\xi>1$ 时，系统有两个不相等的负实根，称为过阻尼状态。系统的阶跃响应也是非周期地趋于稳态值。

(5) 当 $\xi<0$ 时，系统有正根出现，其响应表达式的各指数项均变为正指数，故随着时间 $t\to\infty$，其输出 $c(t)\to\infty$，其单位阶跃响应是发散的。

3.4.3　二阶系统的单位阶跃响应

当输入 $r(t)=1(t)$时，$R(s)=1/s$，输出 $c(t)$的拉氏变换式为

$$C(s)=\frac{\omega_n^2}{s^2+2\xi\omega_n s+\omega_n^2}\cdot\frac{1}{s}$$

输出的一般式为

$$c(t)=\mathscr{L}^{-1}\left[\frac{\omega_n^2}{s^2+2\xi\omega_n s+\omega_n^2}\cdot\frac{1}{s}\right]=1+c_1\mathrm{e}^{s_1 t}+c_2\mathrm{e}^{s_2 t}$$

其中，$c_1=\dfrac{\omega_n^2}{s_1(s_1-s_2)}$，$c_2=\dfrac{\omega_n^2}{s_2(s_2-s_1)}$，$s_1$、$s_2$ 是特征根。

1. 零阻尼二阶系统（$\xi=0$）

当 $\xi=0$ 时，称为零阻尼，二阶系统的特征根为一对共轭纯虚根。

当 $r(t)=1$ 时，有

$$C(s)=\frac{\omega_n^2}{s^2+\omega_n^2}\cdot\frac{1}{s}=\frac{1}{s}-\frac{s}{s^2+\omega_n^2}$$

取拉氏反变换，得单位阶跃响应为

$$c(t)=1-\cos\omega_n t \qquad t\geqslant 0$$

零阻尼二阶系统的单位阶跃响应曲线如图 3－14 所示，系统为无阻尼等幅振荡，处于临界稳定状态。该种情况的系统实际不能用。

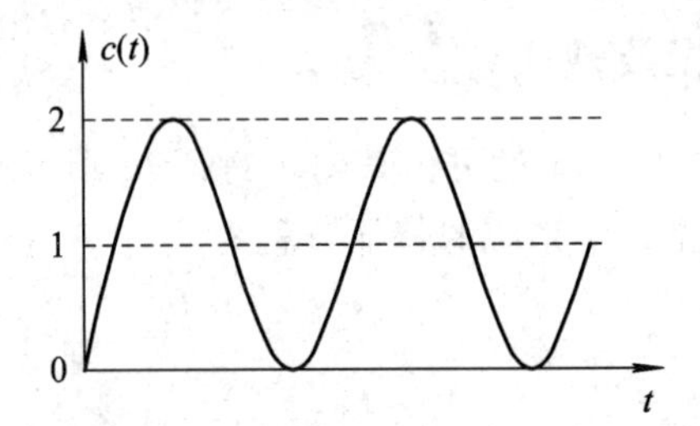

图 3－14　零阻尼二阶系统单位阶跃响应曲线

2. 欠阻尼二阶系统（$0<\xi<1$）

当 $0<\xi<1$ 时，称为欠阻尼，二阶系统的特征根为一对具有负实部的共轭复根，即

$$s_{1,2}=-\xi\omega_n\pm j\omega_n\sqrt{1-\xi^2}=\sigma\pm j\omega_d$$

式中，$\sigma=\xi\omega_n$；$\omega_d=\omega_n\sqrt{1-\xi^2}$，$\omega_d$ 称为阻尼振荡角频率。

当 $r(t)=1(t)$ 时，其输出拉氏变换式为

$$\begin{aligned}C(s)&=\frac{\omega_n^2}{s^2+2\xi\omega_n s+\omega_n^2}\cdot\frac{1}{s}=\frac{\omega_n^2}{(s+\xi\omega_n)^2+\omega_d^2}\cdot\frac{1}{s}\\&=\frac{1}{s}+\frac{-(s+2\xi\omega_n)}{(s+\xi\omega_n)^2+\omega_d^2}\\&=\frac{1}{s}-\frac{s+\xi\omega_n}{(s+\xi\omega_n)^2+\omega_d^2}-\frac{\omega_d}{(s+\xi\omega_n)^2+\omega_d^2}\end{aligned}$$

取拉氏反变换，得时间响应为

$$c(t)=1-e^{-\xi\omega_n t}\cos\omega_d t-\frac{\xi}{\sqrt{1-\xi^2}}e^{-\xi\omega_n t}\sin\omega_d t \qquad t\geqslant 0$$

将上式整理，可得

$$c(t)=1-\frac{e^{-\xi\omega_n t}}{\sqrt{1-\xi^2}}\sin(\omega_d t+\varphi) \qquad t\geqslant 0$$

式中

$$\omega_d=\omega_n\sqrt{1-\xi^2}, \quad \varphi=\arctan\frac{\sqrt{1-\xi^2}}{\xi}$$

欠阻尼二阶系统的单位阶跃响应曲线如图 3－15 所示。系统的响应为衰减振荡波形，系统有超调。ξ 值越大，输出量振幅衰减越快。

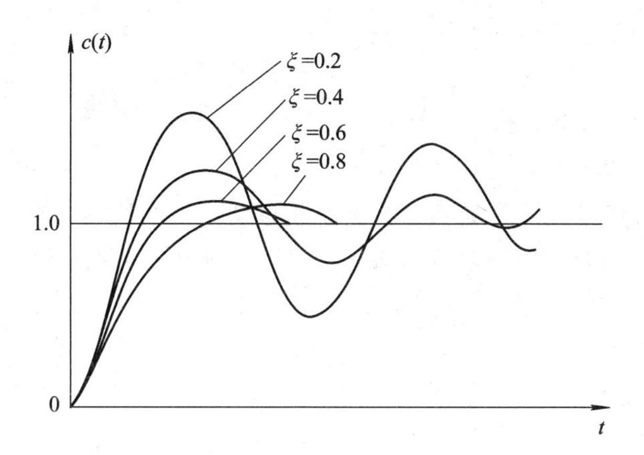

图 3－15　欠阻尼二阶系统单位阶跃响应曲线

3. 临界阻尼二阶系统($\xi=1$)

当 $\xi=1$ 时，称为临界阻尼，二阶系统的特征根是一对相等的负实根。

当 $r(t)=1(t)$时，有

$$C(s)=\frac{\omega_n^2}{(s+\omega_n)^2}\cdot\frac{1}{s}=\frac{1}{s}-\frac{\omega_n}{(s+\omega_n)^2}-\frac{1}{s+\omega_n}$$

对上式进行拉氏反变换，得

$$c(t)=1-\omega_n t\mathrm{e}^{-\omega_n t}-\mathrm{e}^{-\omega_n t} \qquad t\geqslant 0$$

临界阻尼二阶系统的单位阶跃响应曲线如图 3－16 所示，由图可见，系统没有超调。

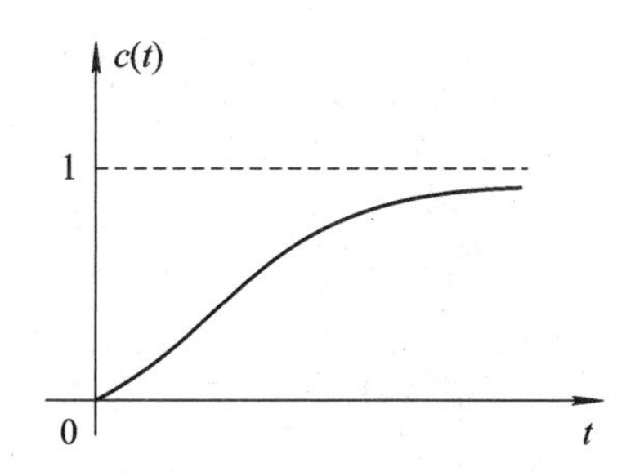

图 3－16　临界阻尼二阶系统单位阶跃响应曲线

4. 过阻尼二阶系统($\xi>1$)

当 $\xi>1$ 时，称为过阻尼，二阶系统的特征根是两个不同的负实根。当 $r(t)=1(t)$时，过阻尼二阶系统的单位阶跃响应曲线如图 3－17 所示，响应曲线具有非周期性、无振荡、无超调的特点。单调上升过程中，其过渡过程时间较临界阻尼时长。

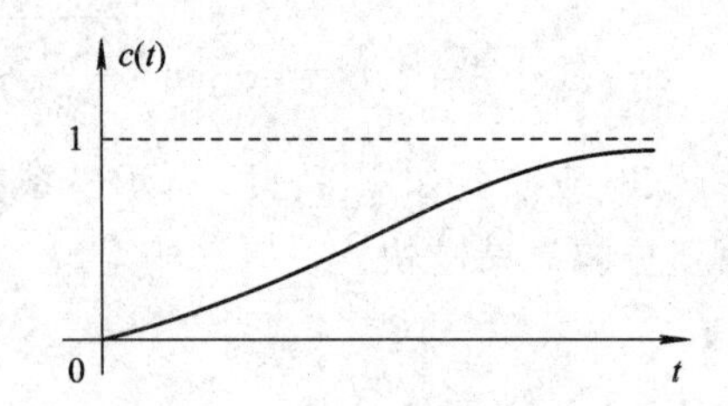

图 3-17　过阻尼二阶系统单位阶跃响应曲线

5. 负阻尼二阶系统（$\xi<0$）

当 $\xi<0$ 时，称为负阻尼，二阶系统的特征根是两个正实根或一对具有正实部的共轭复根。负阻尼二阶系统的单位阶跃响应曲线如图 3-18 所示，系统不稳定。

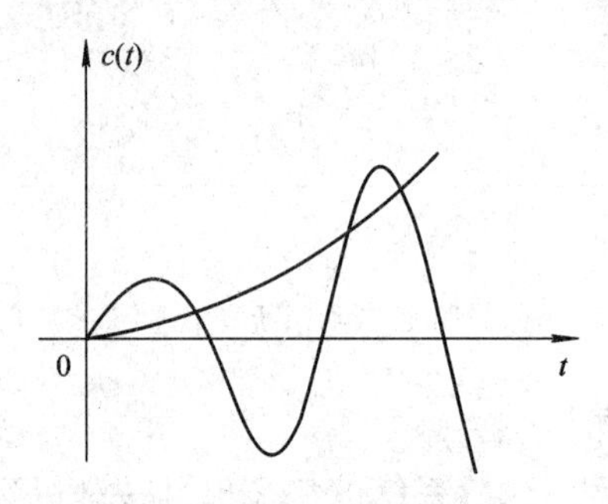

图 3-18　负阻尼二阶系统的发散振荡响应

3.4.5　典型二阶系统欠阻尼状态的动态性能指标

实际工程中的控制系统，大多数都是衰减振荡过程。即绝大多数实用的控制系统都处于欠阻尼状态。因此，下面重点研究 $0<\xi<1$，即欠阻尼状态下二阶系统的情况。根据前面 3.2 节的定义，可计算欠阻尼二阶系统各项性能指标。

1. 上升时间 t_r

根据 t_r 的定义，有

$$c(t_r)=1-\frac{e^{-\xi\omega_n t_r}}{\sqrt{1-\xi^2}}\sin(\omega_d t_r+\varphi)=1$$

由于 $e^{-\xi\omega_n t_r}\neq 0$，因此

$$\sin(\omega_d t_r+\varphi)=0$$

于是

$$\omega_d t_r+\varphi=n\pi$$

取 $n=1$，得

$$t_r=\frac{\pi-\varphi}{\omega_d}=\frac{\pi-\varphi}{\omega_n\sqrt{1-\xi^2}}$$

由上式可知：当 ω_n 一定时，ξ 越小，则 t_r 越小；当 ξ 值一定时，ω_n 越大，则 t_r 越小。

2. 峰值时间 t_p

根据 t_p 的定义，可采用求极值的方法来求取 t_p，有

$$\frac{\mathrm{d}c(t_{\mathrm{p}})}{\mathrm{d}t}=\frac{\mathrm{d}}{\mathrm{d}t}\left[1-\frac{\mathrm{e}^{-\xi\omega_{\mathrm{n}}t_{\mathrm{p}}}}{\sqrt{1-\xi^2}}\sin(\omega_{\mathrm{d}}t_{\mathrm{p}}+\varphi)\right]$$

$$=\frac{\xi\omega_{\mathrm{n}}}{\sqrt{1-\xi^2}}\mathrm{e}^{-\xi\omega_{\mathrm{n}}t_{\mathrm{p}}}\sin(\omega_{\mathrm{d}}t_{\mathrm{p}}+\varphi)-\frac{\omega_{\mathrm{d}}}{\sqrt{1-\xi^2}}\mathrm{e}^{-\xi\omega_{\mathrm{n}}t_{\mathrm{p}}}\cos(\omega_{\mathrm{d}}t_{\mathrm{p}}+\varphi)=0$$

整理上式可得

$$\frac{\xi}{\sqrt{1-\xi^2}}\sin(\omega_{\mathrm{d}}t_{\mathrm{p}}+\varphi)=\cos(\omega_{\mathrm{d}}t_{\mathrm{p}}+\varphi)$$

则

$$\tan(\omega_{\mathrm{d}}t_{\mathrm{p}}+\varphi)=\frac{\sqrt{1-\xi^2}}{\xi}$$

取反正切，得

$$\omega_{\mathrm{d}}t_{\mathrm{p}}+\varphi=\arctan\frac{\sqrt{1-\xi^2}}{\xi}+n\pi$$

那么

$$\omega_{\mathrm{d}}t_{\mathrm{p}}=n\pi \qquad n=0,\ 1,\ 2,\ \cdots,\ n$$

因为取第一个峰值，所以 $n=1$，因此

$$t_{\mathrm{p}}=\frac{\pi}{\omega_{\mathrm{d}}}=\frac{\pi}{\omega_{\mathrm{n}}\sqrt{1-\xi^2}}$$

由此可见，当 ω_{n} 越大，ξ 越小时，t_{p} 越小。

3. 最大超调量 $\sigma\%$

将 $t_{\mathrm{p}}=\pi/\omega_{\mathrm{d}}$ 代入二阶系统欠阻尼时的响应式中，可得最大超调量 $\sigma\%$ 为

$$\sigma\%=-\frac{\mathrm{e}^{-\xi\omega_{\mathrm{n}}\left(\frac{\pi}{\omega_{\mathrm{d}}}\right)}}{\sqrt{1-\xi^2}}\sin(\pi+\varphi)=\mathrm{e}^{-\frac{\xi\pi}{\sqrt{1-\xi^2}}}\times100\%$$

由上式可见，最大超调量 $\sigma\%$ 仅与阻尼比 ξ 有关，ξ 越大，$\sigma\%$ 越小。

4. 调整时间 t_{s}

可用近似的方法求取调整时间，即以 $c(t)$ 的包络线进入允许误差带来近似求取调整时间。按进入 5%误差带计算，有

$$\frac{\mathrm{e}^{-\xi\omega_{\mathrm{n}}t_{\mathrm{s}}}}{\sqrt{1-\xi^2}}=5\%$$

则

$$t_{\mathrm{s}}=\frac{-\ln0.05-\ln\sqrt{1-\xi^2}}{\xi\omega_{\mathrm{n}}}$$

当 ξ 较小时，有

$$t_{\mathrm{s}}\approx\frac{-\ln0.05}{\xi\omega_{\mathrm{n}}}\approx\frac{3}{\xi\omega_{\mathrm{n}}} \qquad \text{（按 5\% 误差带选取）}$$

同理，若欠阻尼二阶系统进入±2%的误差带，则

$$t_{\mathrm{s}}\approx\frac{4}{\xi\omega_{\mathrm{n}}} \qquad \text{（按 2\% 误差带选取）}$$

3.5 稳态性能的时域分析

对控制系统进行稳态性能分析，就是分析系统在过渡过程结束、输出稳定不变的状态下，其输出跟踪输入信号或抑制扰动信号的能力和准确程度。该稳态性能的好坏通过计算稳态误差的大小来表示。稳态误差越小，说明控制系统的实际输出与期望输出差别越小，稳态性能越好，工程中一般对控制系统的稳态误差都有一定的要求。

3.5.1 系统误差与稳态误差

以图 3-19 所示的典型系统来说明系统误差的概念。

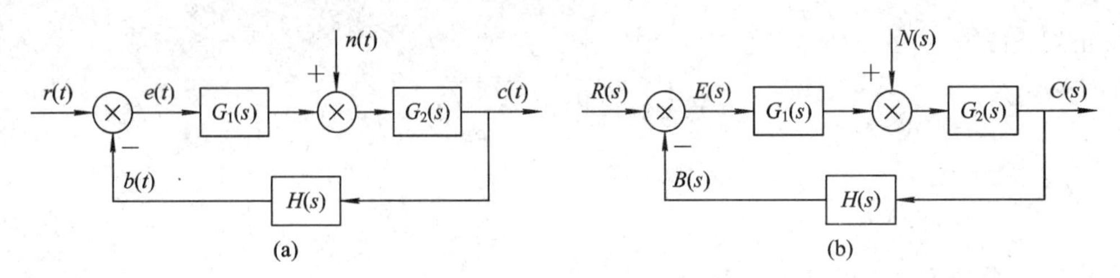

图 3-19 典型系统框图

系统误差用 $e(t)$表示，一般定义为期望值与实际值之差。理论上既可从输出端定义系统误差，也可从输入端定义系统误差。但由于系统的输出量形式复杂，数值很大并且难以测量，因此通常在输入端定义系统误差，即

$$e(t)=r(t)-b(t)$$

在上式中可看出，误差 $e(t)$就是输入信号 $r(t)$与测量装置的输出信号 $b(t)$之差。当反馈通道 $H(s)=1$，即单位反馈时，系统误差为

$$e(t)=r(t)-c(t)$$

求解误差的时间响应 $e(t)$与求解系统的输出响应 $c(t)$一样困难，其值是随时间变化的。而我们关心的是系统稳定状态下的误差，即稳态误差 e_{ss}。对稳定的系统，当 $t\to\infty$时，$e(t)$的极限值即为稳态误差 e_{ss}，用数学式表示为

$$e_{ss}=\lim_{t\to\infty}e(t)$$

它是一个不随时间变化的量，反映了系统最终控制的精度。

3.5.2 稳态误差的计算

控制系统工作时，同时接收到给定输入信号和干扰信号。这两种信号都会形成误差。输入信号 $r(t)$引起的误差称为跟随误差 $e_r(t)$，扰动信号 $n(t)$引起的误差称为扰动误差 $e_n(t)$。对于线性系统，系统的总误差应为跟随误差和扰动误差的代数和，即

$$e(t)=e_r(t)+e_n(t)$$

利用拉氏变换的终值定理

$$\lim_{t\to\infty}f(t)=\lim_{s\to 0}sF(s)$$

可得

$$e_{ss}=\lim_{t\to\infty}e(t)=\lim_{s\to 0}sE(s)$$

因此通过求取误差的拉氏变换式可求出稳态误差值。

从误差的定义式取拉氏变换，得

$$E(s)=R(s)-B(s)=R(s)-H(s)C(s)$$

拉氏变换式为

$$E(s)=E_{\mathrm{r}}(s)+E_{\mathrm{n}}(s)$$

根据第 2 章研究过的控制系统的传递函数，系统误差的计算式为

$$\begin{aligned}E(s)&=\Phi_{\mathrm{er}}(s)R(s)+\Phi_{\mathrm{en}}(s)N(s)\\&=\frac{1}{1+G_1(s)G_2(s)H(s)}R(s)+\frac{-G_2(s)H(s)}{1+G_1(s)G_2(s)H(s)}N(s)\end{aligned}$$

结合终值定理，系统的稳态误差可表达为

$$\begin{aligned}e_{\mathrm{ss}}&=\lim_{s\to0}sE(s)=\lim_{s\to0}s\Phi_{\mathrm{er}}(s)R(s)+\lim_{s\to0}s\Phi_{\mathrm{en}}(s)N(s)\\&=\lim_{s\to0}s\cdot\frac{1}{1+G_1(s)G_2(s)H(s)}R(s)+\lim_{s\to0}s\cdot\frac{-G_2(s)H(s)}{1+G_1(s)G_2(s)H(s)}N(s)\\&=e_{\mathrm{ssr}}+e_{\mathrm{ssn}}\end{aligned}$$

式中，e_{ssr}为$r(t)$引起的系统稳态误差，称跟随稳态误差；e_{ssn}为$n(t)$引起的系统稳态误差，称扰动稳态误差。

由上式可看出：系统的稳态误差不仅与系统自身的结构参数有关，还与给定输入信号和干扰信号的形式有关。

3.5.3　系统型别与输入信号作用下的稳态误差

1. 系统型别

设某一闭环系统结构图如图 3 - 20 所示。其开环传递函数的一般表达式为

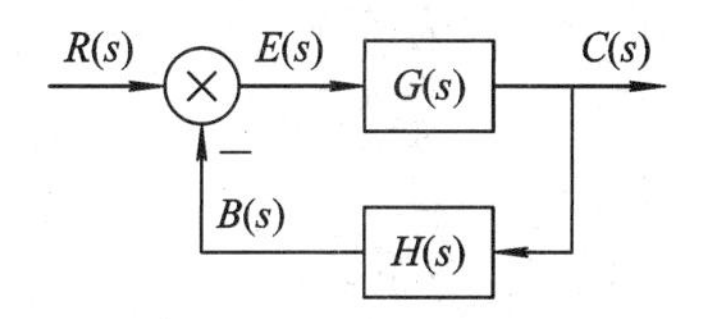

图 3 - 20　闭环系统结构图

$$G(s)H(s)=\frac{K\prod\limits_{i=1}^{m}(\tau_i s+1)}{s^{\nu}\prod\limits_{j=1}^{n-\nu}(T_j s+1)}\qquad n\geqslant m$$

式中，ν 为积分环节的个数，工程上称为系统的型别，或无静差度。若 $\nu=0$，则称为 0 型系统(又称零阶无静差)；若 $\nu=1$，则称为 Ⅰ 型系统(又称一阶无静差)；若 $\nu=2$，则称为 Ⅱ 型系统(又称二阶无静差)。$\nu>2$ 的系统很难稳定，在工程实践中很少应用。

2. 输入信号 $r(t)$ 作用下的稳态误差

不同形式的输入信号，对不同型别的系统形成的稳态误差是不同的。

1) 阶跃信号作用下的稳态误差

设 $r(t)=r_0\cdot1(t)$，r_0 为常数，表示阶跃量的大小，则 $R(s)=\frac{r_0}{s}$，所以

$$\begin{aligned}e_{\mathrm{ssr}}&=\lim_{s\to0}s\cdot\frac{1}{1+G_1(s)G_2(s)H(s)}\cdot R(s)=\lim_{s\to0}s\cdot\frac{1}{1+G(s)H(s)}\cdot\frac{r_0}{s}\\&=\lim_{s\to0}\frac{r_0}{1+G(s)H(s)}=\frac{r_0}{1+K_{\mathrm{p}}}\end{aligned}$$

式中，K_p 称为静态位置误差系数，且

$$K_p=\lim_{s\to 0}G(s)H(s)=\lim_{s\to 0}\frac{K}{s^{\nu}}$$

对于 0 型系统：

$$K_p=K,\quad e_{ssr}=\frac{r_0}{1+K}$$

对于Ⅰ型系统：

$$K_p=\infty,\quad e_{ssr}=0$$

对于Ⅱ型系统：

$$K_p=\infty,\quad e_{ssr}=0$$

由此可知，0 型系统对阶跃输入信号的响应存在误差，增大开环放大倍数 K，可减小系统的稳态误差，若要使系统对阶跃信号的响应没有误差，则必须选用Ⅰ型及Ⅰ型以上的系统。

2）斜坡信号作用下的稳态误差

设 $r(t)=V_0t\cdot 1(t)$，V_0 为速度系数，则 $R(s)=V_0/s^2$，所以

$$\begin{aligned}e_{ssr}&=\lim_{s\to 0}s\cdot\frac{1}{1+G_1(s)G_2(s)H(s)}\cdot R(s)\\&=\lim_{s\to 0}s\cdot\frac{1}{1+G(s)H(s)}\cdot\frac{V_0}{s^2}\\&=\lim_{s\to 0}\frac{V_0}{sG(s)H(s)}=\frac{V_0}{K_v}\end{aligned}$$

式中，K_v 称为静态速度误差系数，且

$$K_v=\lim_{s\to 0}sG(s)H(s)=\lim_{s\to 0}\frac{K}{s^{\nu-1}}$$

对于 0 型系统：

$$K_V=0,\quad e_{ssr}=\infty$$

对于Ⅰ型系统：

$$K_v=K,\quad e_{ssr}=\frac{V_0}{K}$$

对于Ⅱ型系统：

$$K_v=\infty,\quad e_{ssr}=0$$

由此可知，0 型系统不能正常跟踪斜坡输入信号；Ⅰ型系统可以跟踪斜坡输入信号，但是存在稳态误差，增大开环放大倍数 K，可减小系统的稳态误差；若要使系统对斜坡信号的响应没有误差，则必须选用Ⅱ型及Ⅱ型以上的系统。

3）加速度信号作用下的稳态误差

设 $r(t)=\frac{1}{2}a_0t^2\cdot 1(t)$，$a_0$ 为加速度常数，则 $R(s)=\frac{a_0}{s^3}$，所以

$$\begin{aligned}e_{ssr}&=\lim_{s\to 0}s\cdot\frac{1}{1+G_1(s)G_2(s)H(s)}\cdot R(s)\\&=\lim_{s\to 0}s\cdot\frac{1}{1+G(s)H(s)}\cdot\frac{a_0}{s^3}\end{aligned}$$

$$=\lim_{s\to 0}\frac{a_0}{s^2G(s)H(s)}=\frac{a_0}{K_a}$$

式中，K_a 称为静态加速度误差系数，且

$$K_a=\lim_{s\to 0}s^2G(s)H(s)=\lim_{s\to 0}\frac{K}{s^{\nu-2}}$$

对于 0 型系统：

$$K_a=0,\quad e_{ssr}=\infty$$

对于 Ⅰ 型系统：

$$K_a=0,\quad e_{ssr}=\infty$$

对于 Ⅱ 型系统：

$$K_a=K,\quad e_{ssr}=\frac{a_0}{K}$$

由此可知，0 型、Ⅰ 型系统不能正常跟踪加速度输入信号；Ⅱ 型系统可以跟踪，但是存在稳态误差，增大开环放大倍数 K，可减小系统的稳态误差；若要使系统对加速度信号的响应没有误差，则必须选用Ⅲ型及Ⅲ型以上的系统。

误差系数与系统型别一样，从系统本身的结构特性上体现了系统消除稳态误差的能力，反映了系统跟踪典型输入信号的精度。表 3－1 列出了系统型别、静态误差系数和输入信号形式之间的关系。

表 3－1　输入信号作用下的稳态误差

系统型别	静态误差系数			典型输入信号作用下的稳态误差		
				位置输入 $r(t)=r_0\cdot 1(t)$	速度输入 $r(t)=V_0t\cdot 1(t)$	加速度输入 $r(t)=\frac{1}{2}a_0t^2\cdot 1(t)$
	K_p	K_v	K_a	$e_{ss}=\frac{r_0}{1+K_p}$	$e_{ss}=\frac{V_0}{K_v}$	$e_{ss}=\frac{a_0}{K_a}$
0 型系统	K	0	0	$\frac{r_0}{1+K}$	∞	∞
Ⅰ 型系统	∞	K	0	0	$\frac{V_0}{K}$	∞
Ⅱ 型系统	∞	∞	K	0	0	$\frac{a_0}{K}$

例 3－7　已知某单位负反馈系统的开环传递函数为

$$G(s)=\frac{20(s+2)}{s(s+4)(s+5)}$$

当输入信号为 $r(t)=2+2t+t^2$ 时，试求系统的稳态误差。

解　首先判断系统的稳定性。

系统的特征方程为

$$D(s)=s(s+4)(s+5)+20(s+2)=s^3+9s^2+40s+40=0$$

列劳斯表

$$
\begin{array}{lll}
s^3 & 1 & 40 \\
s^2 & 9 & 40 \\
s^1 & 320/9 & \\
s^0 & 40 &
\end{array}
$$

劳斯表第一列没有符号变化，故系统稳定。

因为系统开环传递函数中积分环节的个数为 1，所以系统为Ⅰ型系统，故 $K_p=\infty$，$K_v=K=2$，$K_a=0$。

由于输入信号是由阶跃、斜坡、加速度信号组成的复合信号，根据叠加原理，系统的总误差将是各个信号单独作用下的误差之和。因此，所求稳态误差为

$$e_{ss}=\frac{2}{1+K}+\frac{2}{K_v}+\frac{2}{K_a}=\frac{2}{1+\infty}+\frac{2}{2}+\frac{2}{0}=0+1+\infty=\infty$$

结果表明，该系统不能跟踪给定的复合信号。

例 3-8 系统结构图如图 3-21 所示，当输入信号为单位斜坡函数时，求系统在输入信号作用下的稳态误差，调整 K 值能使稳态误差小于 0.1 吗？

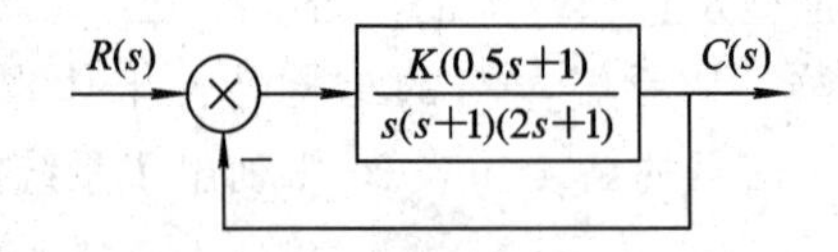

图 3-21 例 3-8 图

解 只有稳定的系统计算稳态误差才有意义，所以先判稳定性。

系统特征方程为

$$2s^3+3s^2+(1+0.5K)s+K=0$$

由劳斯判据知稳定的条件为：$0<K<6$。

由于

$$\Phi_e(s)=\frac{E(s)}{R(s)}=\frac{1}{1+G_1(s)H(s)}=\frac{s(s+1)(2s+1)}{s(s+1)(2s+1)+K(0.5s+1)}$$

$$R(s)=\frac{1}{s^2}$$

因此

$$E(s)=\frac{s(s+1)(2s+1)}{s(s+1)(2s+1)+K(0.5s+1)}\cdot\frac{1}{s^2}$$

所以

$$e_{ss}=\lim_{s\to 0}sE(s)=\lim_{s\to 0}s\,\frac{s(s+1)(2s+1)}{s(s+1)(2s+1)+K(0.5s+1)}\,\frac{1}{s^2}=\frac{1}{K}$$

由稳定的条件知：$e_{ss}>1/6$，不能满足 $e_{ss}<0.1$ 的要求。

3.5.4 扰动信号作用下的稳态误差

任何实际的系统都会受到扰动信号的作用，诸如负载变化、电源波动都会影响系统的输出响应，使系统产生误差。实际上，扰动信号单独作用下的系统输出就是扰动误差，它的大小反映了系统的抗扰能力，一般希望扰动稳态误差越小越好。

计算扰动信号 $N(s)$ 作用下的稳态误差时，令给定输入 $R(s)=0$，因此有

$$E_n(s)=-\frac{G_2(s)H(s)}{1+G_1(s)G_2(s)H(s)}N(s)$$

根据终值定理，可求得在扰动作用下的稳态误差为

$$e_{ssn}=\lim_{s\to 0}sE_n(s)=-\lim_{s\to 0}\frac{sG_2(s)H(s)}{1+G_1(s)G_2(s)H(s)}N(s)$$

由于输入信号和扰动信号作用于系统的位置不同，因此即使系统对于某种形式输入信号作用的稳态误差为零，但对于同一形式的扰动信号作用，其稳态误差未必为零。所以，干扰引起的稳态误差随干扰信号作用在系统的位置不同而不同。

例 3－9　试求如图 3－22 所示系统的稳态误差。已知输入信号 $r(t)=t$，扰动信号 $n(t)=1(t)$。

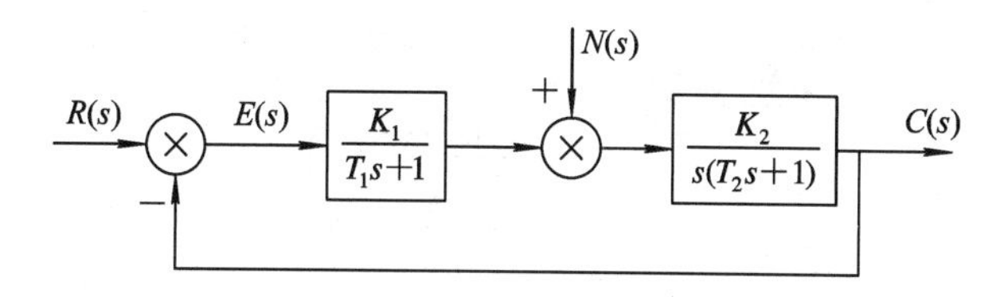

图 3－22　例 3－9 图

解　因为 $e_{ss}=e_{ssr}+e_{ssn}$，其中

$$e_{ssr}=\lim_{s\to 0}s\cdot\frac{1}{1+G_1(s)G_2(s)H(s)}R(s)=\lim_{s\to 0}\frac{s}{1+\dfrac{K_1K_2}{s(T_1s+1)(T_2s+1)}}\frac{1}{s^2}$$

$$=\lim_{s\to 0}\frac{s(T_1s+1)(T_2s+1)}{s(T_1s+1)(T_2s+1)+K_1K_2}\frac{1}{s^2}=\frac{1}{K_1K_2}$$

$$e_{ssn}=-\lim_{s\to 0}\frac{sG_2(s)H(s)}{1+G_1(s)G_2(s)H(s)}N(s)=-\lim_{s\to 0}\frac{s\dfrac{K_2}{s(T_2s+1)}}{1+\dfrac{K_1K_2}{s(T_1s+1)(T_2s+1)}}\frac{1}{s}$$

$$=-\lim_{s\to 0}\frac{K_2(T_1s+1)}{s(T_1s+1)(T_2s+1)+K_1K_2}=-\frac{1}{K_1}$$

所以

$$e_{ss}=e_{ssr}+e_{ssn}=\frac{1}{K_1K_2}-\frac{1}{K_1}=\frac{1-K_2}{K_1K_2}$$

本章小结

(1) 对控制系统的时域分析是在典型输入信号的作用下，通过直接求解其时域响应来分析系统性能的。判断系统性能优劣的指标有超调量、调整时间和稳态误差等。

(2) 一阶系统和二阶系统是需要重点分析的两类系统，一阶系统一般不会出现超调，其动态指标主要是调整时间 t_s，欠阻尼二阶系统的动态指标主要有上升时间 t_r、峰值时间 t_p、最大超调量 $\sigma\%$、调整时间 t_s。

(3) 稳定性能是系统工作的必备条件，系统的稳定性由系统的结构和参数决定，而与外加信号的形式、大小无关。

(4) 劳斯判据是判断系统稳定性的常用方法之一。劳斯稳定判据只能判断系统特征根在 s 平面的分布情况(所有特征根是否具有负实部)，但不能确定特征根的具体数值。

(5) 控制系统的准确性通过稳态误差这一指标来衡量。系统的稳态误差的大小既与系统的结构、参数有关，也与控制信号的形式、大小和作用点有关。

习　题　3

3-1　如图 3-23 所示的某二阶系统，其中 $\xi=0.5$，$\omega_n=4$ rad/s。当输入信号为单位阶跃信号时，试求系统的动态响应指标。

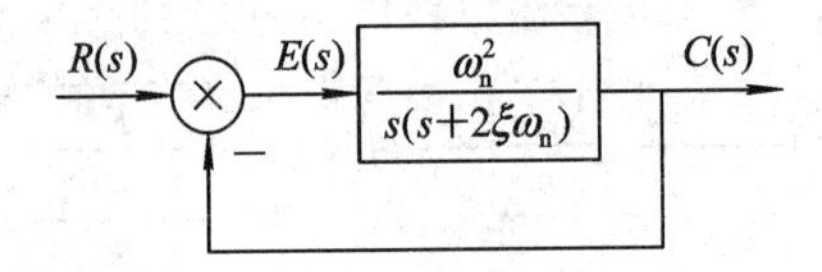

图 3-23　题 3-1 系统结构图

3-2　如图 3-24 所示系统，在单位阶跃函数输入下，欲使系统的最大超调量等于 20%，峰值时间 $t_p=1$ s，试确定增益 K 和 K_h 的数值，并求此时系统的上升时间 t_r 和调整时间 t_s。

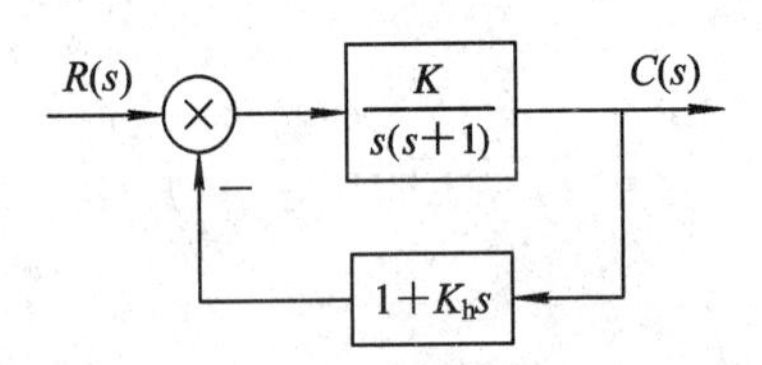

图 3-24　题 3-2 系统结构图

3-3　设系统的单位阶跃响应为 $c(t)=6(1-e^{-0.3t})$，试求系统的过渡过程时间。

3-4　闭环系统的特征方程如下，试用代数判据判断系统的稳定性。

(1) $s^3+20s^2+9s+100=0$

(2) $s^4+2s^3+8s^2+4s+3=0$

(3) $s^5+12s^4+44s^3+48s^2+5s+1=0$

(4) $s^4+8s^3+18s^2+16s+5=0$

(5) $s^4+3s^3+3s^2+2s+2=0$

(6) $s^4+2s^3+s^2+2s+1=0$

3-5　试分析图 3-25 所示系统的稳定性。

3-6　设某负反馈系统的开环传递函数为

$$G(s)H(s)=\frac{10(1+K_n s)}{s(s-10)}$$

试确定闭环系统稳定时 K_n 的值。

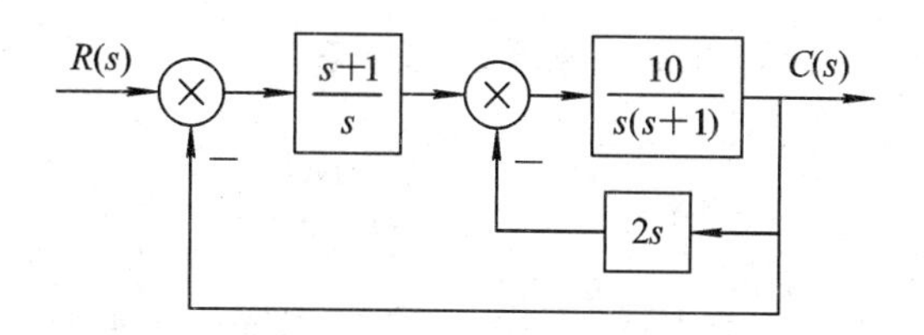

图 3-25　题 3-5 系统结构图

3-7　由试验测得二阶系统的单位阶跃响应 $c(t)$ 如图 3-26 所示，试根据已知的单位阶跃响应 $c(t)$ 计算系统参数 ξ 及 ω_n。又已知该系统属于单位反馈，试确定其开环传递函数。

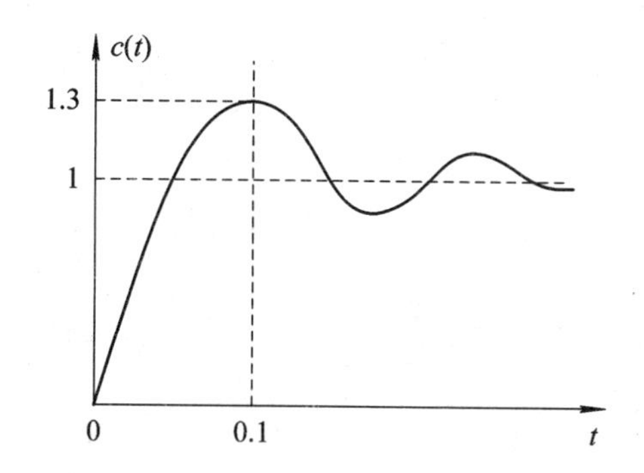

图 3-26　题 3-7 系统单位阶跃响应

3-8　控制系统结构图如图 3-27 所示，已知输入信号 $r(t)=1(t)$，试计算 $H(s)=1$ 及 $H(s)=0.1$ 时的稳态误差。

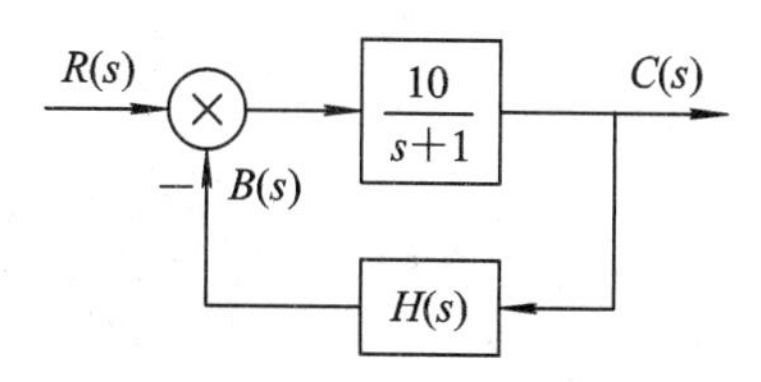

图 3-27　题 3-8 系统结构图

3-9　系统的结构图如图 3-28 所示。求 $n_1(t)=n_2(t)=1(t)$ 时，系统的稳态误差。

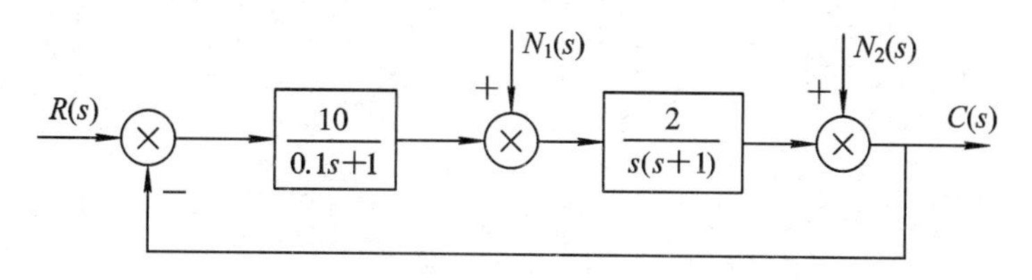

图 3-28　题 3-9 系统结构图

3-10　设系统结构图如图 3-29 所示，其中 $G_1(s)=\dfrac{10}{s+5}$，$G_2(s)=\dfrac{5}{3s+1}$，$H(s)=$

$\frac{2}{s}$，又设 $r(t)=2t$，$n(t)=0.5\times1(t)$，求系统的稳态误差。

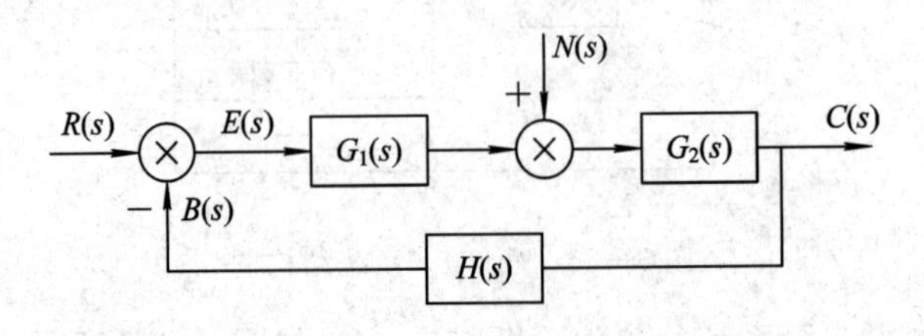

图 3-29　题 3-10 系统结构图

第 4 章　自动控制系统的频域分析

利用拉氏变换的方法求解微分方程和传递函数，可以求得系统的输出响应，但对于复杂的系统，求解计算的工作量大，而且当求得的解不能满足技术要求时，不容易看出和决定应该如何调整系统来获得期望的结果。经过工程实践的探索，人们找到了既不必求解微分方程就可预示出系统性能，又能方便地指出应该如何调整系统来达到性能指标要求的方法，这就是控制理论中常用的频率响应法。该方法是通过系统开环频率特性的图形来分析闭环系统性能的。本章将介绍频率特性的基本概念及其与传递函数的关系、频率特性的图形表示、典型环节的伯德图、控制系统的频域指标等内容。

4.1　频率特性的概念

4.1.1　频率特性的定义

频率特性又称频率响应，是系统(或元件)对不同频率正弦输入信号的响应特性。

设某线性系统结构图如图 4-1 所示。若在该系统的输入端加上一正弦信号，设该正弦信号为 $r(t)=A_r\sin\omega t$，如图 4-2(a)所示，则其输出响应为 $c(t)=A_c\sin(\omega t+\varphi)$，即输出振幅 A_c 与输入振幅 A_r 不同，产生了相位差 φ 角。响应曲线如图 4-2(b)所示。

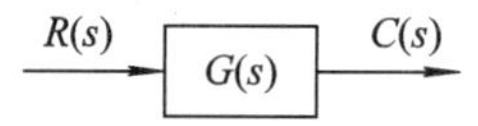

图 4-1　系统结构图

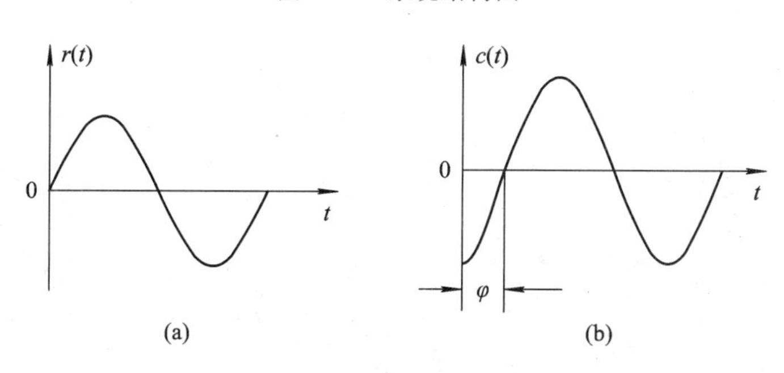

图 4-2　线性系统的输入输出曲线

图 4-2 表明，当线性系统输入信号为正弦量时，其稳态输出信号也将是同频率的正弦量，只是其幅值和相位均不同于输入量，并且其幅值和相位都是频率 ω 的函数。

对于线性定常系统，定义系统的稳态输出量与输入量的幅值之比为幅值频率特性，简称幅频特性，用 $A(\omega)$表示，$A(\omega)=|G(\mathrm{j}\omega)|$，$A(\omega)$是频率 ω 的函数，同一系统在不同频率正弦信号作用下，其信号放大倍数不同，$A(\omega)$表达式也不同。

定义输出量与输入量的相位差为相位频率特性，简称相频特性，$\varphi(\omega)=\angle G(\mathrm{j}\omega)$，由于输入量和输出量的相位都随频率而变，故相频特性表示了相位差随频率 ω 变化的关系。同一系统在不同频率正弦信号作用下，其相位差不同，$\varphi(\omega)$ 表达式也不同。

将幅值频率特性和相位频率特性两者写在一起，可得幅相频率特性，简称频率特性。用 $G(\mathrm{j}\omega)$表示，即

$$G(\mathrm{j}\omega)=A(\omega)\mathrm{e}^{\mathrm{j}\varphi(\omega)}=|G(\mathrm{j}\omega)|\mathrm{e}^{\mathrm{j}\angle G(\mathrm{j}\omega)}$$

频率特性是以 ω 为变量的一个复数，可以表示为代数形式、指数形式和极坐标等几种形式。频率特性的几种表示方法如下：

$$G(\mathrm{j}\omega)=U(\omega)+\mathrm{j}V(\omega)=|G(\mathrm{j}\omega)|\mathrm{e}^{\mathrm{j}\angle G(\mathrm{j}\omega)}=A(\omega)\mathrm{e}^{\mathrm{j}\varphi(\omega)}$$

式中，$U(\omega)$称为实频特性，$V(\omega)$称为虚频特性。幅频特性、相频特性和实频特性、虚频特性的关系如下：

$$A(\omega)=|G(\mathrm{j}\omega)|=\sqrt{U^2(\omega)+V^2(\omega)}$$

$$\varphi(\omega)=\angle G(\mathrm{j}\omega)=\arctan\frac{V(\omega)}{U(\omega)}$$

当 $A(\omega)>1$ 时，系统的输出量大于输入量；当 $A(\omega)<1$ 时，系统的输出量小于输入量。

4.1.2 频率特性与传递函数的关系

对于同一系统(或元件)，频率特性与传递函数之间存在着确切的对应关系。若系统(或元件)的传递函数为 $G(s)$，则其频率特性为 $G(\mathrm{j}\omega)$。

例 4-1 RC 电路如图 4-3 所示，已知 $r(t)=A_r\sin\omega t$，稳态输出 $c(t)=A_c\sin(\omega t+\varphi)$，求该电路的频率特性。

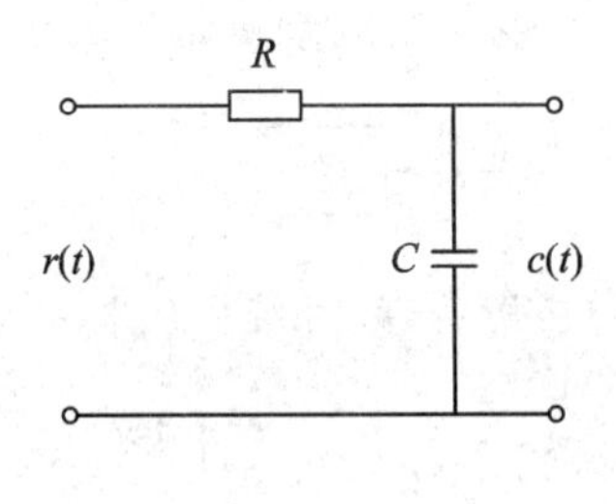

图 4-3 RC 电路

解 电路的频率特性为

$$G(\mathrm{j}\omega)=\frac{U_c}{U_r}=\frac{\frac{1}{\mathrm{j}\omega C}}{R+\frac{1}{\mathrm{j}\omega C}}=\frac{1}{\mathrm{j}\omega RC+1}$$

令 $RC=T$，得

$$G(\mathrm{j}\omega)=\frac{1}{\mathrm{j}\omega T+1}$$

由前面知识知，此 RC 电路的传递函数为

$$G(s)=\frac{1}{Ts+1}$$

经过对比，得到结论，只要将传递函数中的复变量 s 用纯虚数 $j\omega$ 代替，就可以得到频率特性。即

$$G(j\omega)=G(s)\big|_{s=j\omega}$$

本例中频率特性为

$$G(j\omega)=\frac{1}{j\omega T+1}=\frac{1}{1+(\omega T)^2}-j\frac{\omega T}{1+(\omega T)^2}$$

幅值频率特性为

$$A(\omega)=|G(j\omega)|=\frac{1}{\sqrt{1+(\omega T)^2}}$$

相位频率特性为

$$\varphi(\omega)=\angle G(j\omega)=-\arctan\omega T$$

频率特性是以线性定常系统为基础，且在假定线性微分方程是稳定的条件下推导出来的。频率特性和微分方程及传递函数一样，也是系统或元件的动态数学模型，频率特性的表达式 $G(j\omega)$ 包含了系统或元部件的全部结构和参数信息。

频率特性的概念对系统、控制元件、部件、控制装置均适用，利用频率特性法可以根据系统的开环频率特性分析闭环系统的性能。

4.1.3　频率特性的图形表示方法

频率特性 $G(j\omega)$ 的图形表示是描述 ω 从 $0\to\infty$ 变化时频率响应的幅值、相位与频率之间关系的一组曲线。这里介绍常用的幅相频率特性曲线和对数频率特性曲线。

1. 幅相频率特性曲线

幅相频率特性曲线又称为极坐标图或奈奎斯特(Nyquist)曲线。它是根据频率特性的表达式 $G(j\omega)=|G(j\omega)|\cdot e^{j\angle G(j\omega)}=A(\omega)e^{j\varphi(\omega)}$，计算出当 ω 从 $0\to\infty$ 变化时，对应于每一个 ω 值的幅值 $A(\omega)$ 和相位 $\varphi(\omega)$，将 $A(\omega)$ 和 $\varphi(\omega)$ 同时表示在复平面上所得到的图形。例 4-1 的 RC 电路的幅相频率特性曲线如图 4-4 所示。

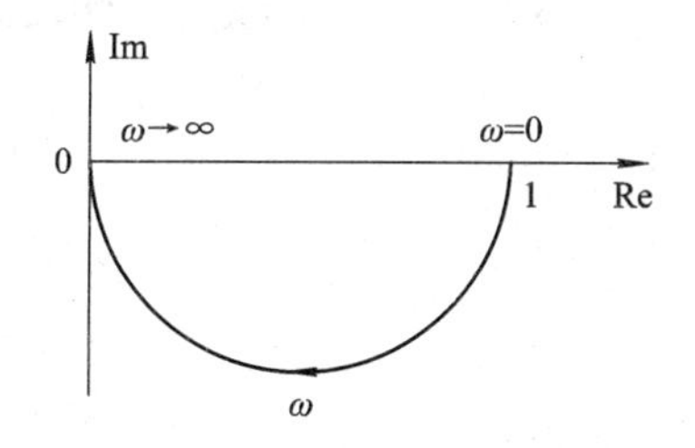

图 4-4　惯性环节的幅相频率特性曲线

绘制极坐标图需要逐点计算和描绘，而且图形又不规则，特别是在环节串联、频率特性相乘时，工作量更大，当调整参数时，绘图更加不方便。工程上广泛采用的是对数频率特性曲线，即伯德图。

2. 对数频率特性曲线

对数频率特性曲线又称为伯德(Bode)图，工程上常将 $A(\omega)$ 变换为 $L(\omega)$，它和 $\varphi(\omega)$ 分别画在两个图上，称为对数幅频特性曲线和对数相频特性曲线。在介绍对数频率特性曲

线之前，先给出对数频率特性的定义。

1）定义

将幅频 $A(\omega)$取常用对数后再乘以 20，称之为对数幅频特性，即 $20\lg A(\omega)$，用$L(\omega)$表示，有

$$L(\omega)=20\lg A(\omega)=20\lg|G(j\omega)|$$

2）伯德图

在对数坐标里作出的 $20\lg A(\omega)$及 $\varphi(\omega)$曲线，分别称为对数幅频特性曲线和对数相频特性曲线，也称伯德图。

对数幅频特性曲线的纵轴为 $L(\omega)$，以等分坐标来标定，单位为分贝(dB)，其值为 $20\lg A(\omega)$。对数幅频特性曲线的横轴标为 ω，但是长度按 $\lg\omega$ 等分。每变化一个单位长度，表示 ω 将变化 10 倍(称为 10 倍频程，记为 dec)。因此，横轴对 $\lg\omega$ 是等分的，而对 ω 是对数的(不均匀的)，两者的对应关系见图 4-5 的横轴对照表。例如 $\omega=1$，对应 $\lg\omega=0$；$\omega=10$，对应 $\lg\omega=1$。

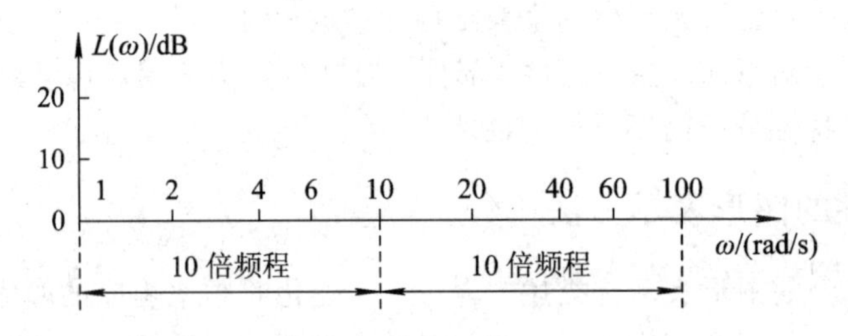

图 4-5　伯德图的横坐标

利用对数频率特性曲线分析控制系统性能的好处，一是可在有限纸面上分析很宽频率范围的频率特性，二是可将复杂系统各环节的乘积关系转化为加法关系，从而简化绘制曲线的工作量，便于分析与设计。

4.2　典型环节的伯德图

实际的控制系统是由若干个典型环节组成的，本节我们了解典型环节的频率特性、对数频率特性以及它们的伯德图。

4.2.1　比例环节的伯德图

比例环节又称放大环节，其传递函数为

$$G(s)=K$$

频率特性为

$$G(j\omega)=K=K\mathrm{e}^{j0}$$

对数频率特性为

$$\begin{cases}L(\omega)=20\lg K\\ \varphi(\omega)=0^\circ\end{cases}$$

比例环节的伯德图如图 4-6 所示。由图可知，比例环节的对数幅频特性 $L(\omega)$是高度

为 20 lg$K$ 的水平直线；对数相频特性 $\varphi(\omega)$为与横轴重合的水平直线。

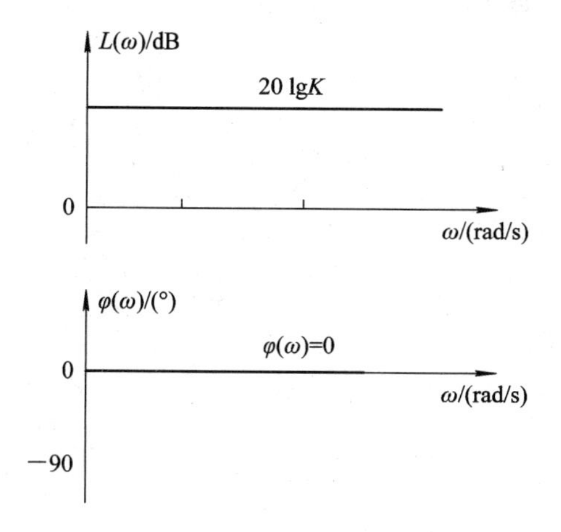

图 4-6　比例环节的伯德图

4.2.2　积分环节的伯德图

积分环节的传递函数为

$$G(s)=\frac{1}{s}$$

频率特性为

$$G(\mathrm{j}\omega)=\frac{1}{\mathrm{j}\omega}$$

对数频率特性为

$$\begin{cases} L(\omega)=20\ \lg\dfrac{1}{\omega}=-20\ \lg\omega \\ \varphi(\omega)=-\dfrac{\pi}{2}=-90^\circ \end{cases}$$

积分环节的伯德图如图 4-7 所示。由图可知，积分环节的对数幅频特性 $L(\omega)$为斜率是-20 dB/dec 的斜直线；对数相频特性 $\varphi(\omega)$为一条-90°的水平直线。

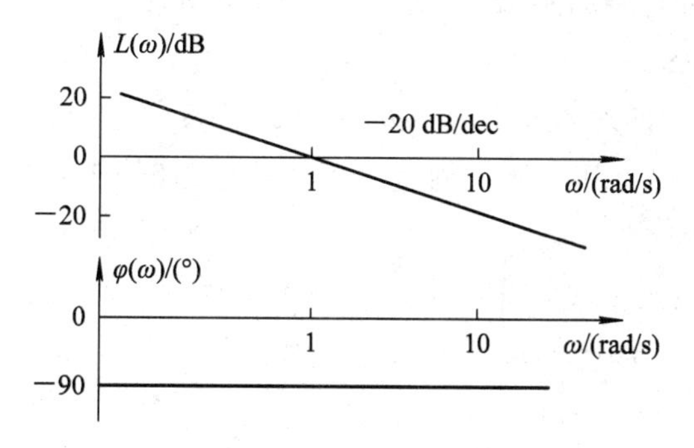

图 4-7　积分环节的伯德图

4.2.3 惯性环节的伯德图

惯性环节的传递函数为

$$G(s)=\frac{1}{Ts+1}$$

频率特性为

$$G(\mathrm{j}\omega)=\frac{1}{\mathrm{j}T\omega+1}$$

对数频率特性为

$$\begin{cases}L(\omega)=20\ \lg\dfrac{1}{\sqrt{T^2\omega^2+1}}=-20\ \lg\sqrt{T^2\omega^2+1}\\ \varphi(\omega)=-\arctan T\omega\end{cases}$$

由此可以看出，惯性环节的对数幅频特性是一条曲线，若逐点描绘将很繁琐，通常采用近似的绘制方法。方法如下：

(1) 先绘制低频渐近线。低频渐近线是指当 $\omega\to 0$ 时的 $L(\omega)$图形(一般认为 $\omega\ll 1/T$)。此时有 $L(\omega)=-20\ \lg\sqrt{T^2\omega^2+1}\approx -20\ \lg 1=0$，因此惯性环节的低频渐近线为零分贝线。

(2) 再绘制高频渐近线。高频渐近线是指当 $\omega\to\infty$ 时的 $L(\omega)$图形(一般认为 $\omega\gg 1/T$)。此时有 $L(\omega)=-20\ \lg\sqrt{T^2\omega^2+1}\approx -20\ \lg T\omega$，因此惯性环节的高频渐近线为在 $\omega=1/T$ 处过零分贝线的、斜率为－20 dB/dec 的斜直线。

(3) 计算交接频率。交接频率是指高、低频渐近线交接处的频率。高、低频渐近线的幅值均为零时，$\omega=1/T$，因此交接频率为 $\omega=1/T$。

(4) 计算修正量(又称误差)。以渐近线近似表示 $L(\omega)$，必然存在误差，分析表明，其最大误差发生在交接频率 $\omega=1/T$ 处。在该频率处 $L(\omega)$的实际值为

$$L(\omega)\big|_{\omega=\frac{1}{T}}=-20\ \lg\sqrt{T^2\omega^2+1}\ \big|_{\omega=\frac{1}{T}}=-20\ \lg\sqrt{2}=-3.03\ \mathrm{dB}$$

所以其最大误差(亦即最大修正量)约为－3 dB。由此可见，若以渐近线取代实际曲线，引起的误差是不大的。

综上所述，惯性环节的对数幅频特性曲线可用两条渐近线近似，低频部分为零分贝线，高频部分为斜率是－20 dB/dec 的斜直线，两条直线相交于 $\omega=1/T$ 处。

惯性环节的相频特性曲线采用近似的作图方法。当 $\omega\to 0$ 时，$\varphi(\omega)\to 0$，因此，其低频渐近线为 $\varphi(\omega)=0$ 的水平线；当 $\omega\to\infty$ 时，$\varphi(\omega)=-\arctan(T\omega)\to -\pi/2$，因此其高频渐近线为 $\varphi(\omega)=-\pi/2$ 的水平线；当 $\omega=1/T$ 时，$\varphi(\omega)=\arctan T\omega\big|_{\omega=1/T}=-\pi/4=-45°$。

惯性环节的伯德图如图 4－8 所示。

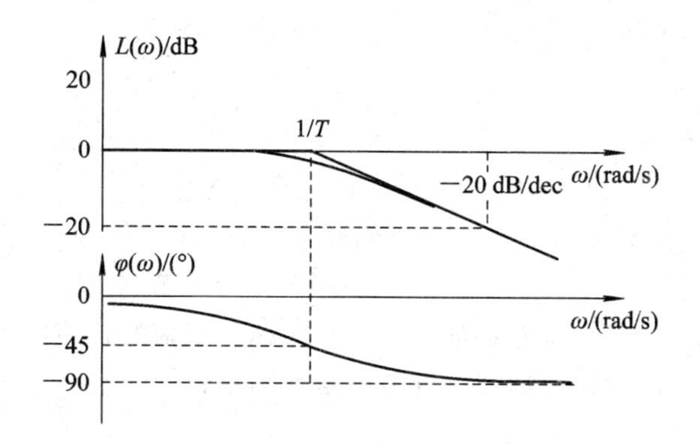

图 4-8　惯性环节的伯德图

4.2.4　理想微分环节的伯德图

理想微分环节的传递函数为

$$G(s)=s$$

频率特性为

$$G(j\omega)=j\omega$$

对数频率特性为

$$\begin{cases}L(\omega)=20\ \lg\omega \\ \varphi(\omega)=\dfrac{\pi}{2}=90^\circ\end{cases}$$

理想微分环节的伯德图如图 4-9 所示。微分环节的对数频率特性与积分环节相比，两者仅差一个负号，可知微分环节的对数频率特性曲线与积分环节的对数频率特性曲线关于横轴对称。所以微分环节的对数幅频特性为斜率是+20 dB/dec 的斜直线；对数相频特性 $\varphi(\omega)$为一条+90°的水平线。

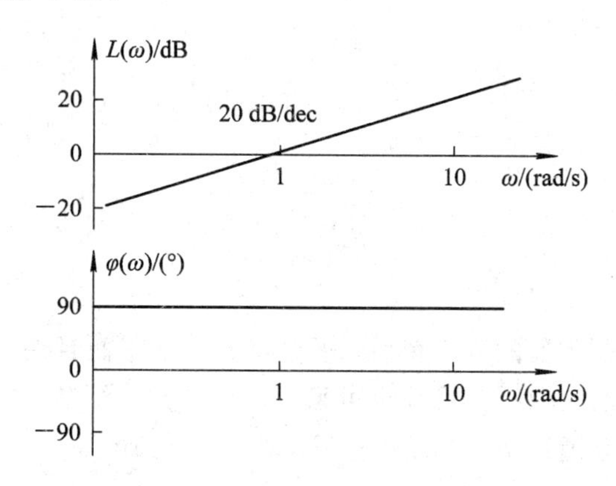

图 4-9　理想微分环节的伯德图

4.2.5　一阶微分环节的伯德图

一阶微分环节的传递函数为

$$G(s)=\tau s+1$$

频率特性为

$$G(\mathrm{j}\omega)=\mathrm{j}\tau\omega+1$$

对数频率特性为

$$\begin{cases}L(\omega)=20\ \lg\sqrt{\tau^2\omega^2+1}\\ \varphi(\omega)=\arctan\tau\omega\end{cases}$$

一阶微分环节的伯德图如图 4－10 所示。一阶微分环节与惯性环节的对数幅频特性和对数相频特性仅相差一个负号，它们的图形也是对称于横轴的。因而可采用绘制惯性环节对数频率特性的方法，绘制出一阶微分环节的对数频率特性曲线。

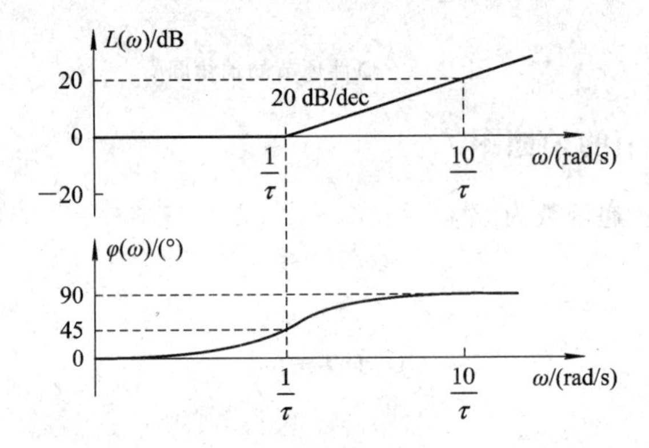

图 4－10　一阶微分环节的伯德图

4.2.6　振荡环节的伯德图

振荡环节的传递函数为

$$G(s)=\frac{1}{T^2s^2+2\xi Ts+1}$$

频率特性为

$$G(s)=\frac{1}{T^2\ (\mathrm{j}\omega)^2+2\xi T(\mathrm{j}\omega)+1}$$

对数频率特性为

$$\begin{cases}L(\omega)=-20\ \lg\sqrt{(1-T^2\omega^2)^2+(2\xi T\omega)^2}\\ \varphi(\omega)=-\arctan\dfrac{2\xi T\omega}{1-T^2\omega^2}\end{cases}$$

由此可以看出，振荡环节的频率特性，不仅与 ω 有关，而且还与阻尼比 ξ 有关。同惯性环节一样，振荡环节的对数幅频特性也可采用近似的方法绘制，方法如下：

(1) 首先求出其低频渐近线。当 $\omega\ll1/T$，即 $T\omega\ll1$ 时，$1-T^2\omega^2\approx1$，于是

$$L(\omega)=-20\ \lg\sqrt{(1-T^2\omega^2)^2+(2\xi T\omega)^2}\approx-20\ \lg\sqrt{1}=0$$

振荡环节的 $L(\omega)$的低频渐近线是一条零分贝线。

(2) 再求出其高频渐近线。当 $\omega\gg1/T$，即 $T\omega\gg1$ 时，$1-T^2\omega^2\approx-T^2\omega^2$，于是

$$L(\omega)=-20\ \lg\sqrt{(1-T^2\omega^2)^2+(2\xi T\omega)^2}\approx-20\ \lg\sqrt{(T^2\omega^2)[T^2\omega^2+(2\xi)^2]}$$

当 $T\omega\ll1$，且 $0<\xi<1$ 时，显然，$T\omega\gg2\xi$，$[T^2\omega^2+(2\xi)^2]\approx T^2\omega^2$。于是

$$L(\omega) \approx -20\ \lg\sqrt{(T^2\omega^2)^2} = -40\ \lg T\omega$$

可见，振荡环节的 $L(\omega)$ 的高频渐近线是一条在 $\omega=1/T$ 处过零分贝线的、斜率为 -40 dB/dec 的斜直线。

(3) 计算交接频率。当 $\omega=1/T$ 时，高、低频渐近线的 $L(\omega)$ 均为零，即两直线在此相接。

(4) 计算修正量。当 $\omega=1/T$ 时，有

$$L(\omega) = -20\ \lg\sqrt{(2\xi)^2} = -20\ \lg(2\xi)$$

由此可见，在 $\omega=1/T$ 时，$L(\omega)$ 的实际值与阻尼系数 ξ 有关。$L(\omega)$ 在 $\omega=1/T$ 时的实际值见表 4-1。

表 4-1　振荡环节对数幅频特性最大误差和 ξ 的关系

ξ	0.1	0.15	0.2	0.25	0.3	0.4	0.5	0.6	0.7	0.8	1.0
最大误差	+14.0	+10.4	+8	+6	+4.4	+2.0	0	−1.6	−3.0	−4.0	−6.0

由表 4-1 可知，当 $0.4<\xi<0.7$ 时，误差小于 3 dB，这时可以允许不对渐近线进行修正。但当 $\xi<0.4$ 或 $\xi>0.7$ 时，误差是很大的，必须进行修正。

振荡环节的对数相频特性曲线也可采用近似的作图方法。当 $\omega=0$ 时，有

$$\varphi(\omega) = \arctan\frac{-2\xi T\omega}{1-T^2\omega^2} = 0$$

即其低频渐近线是一条 $\varphi(\omega)=0$ 的水平直线。

当 $\omega\to\infty$ 时，有

$$\varphi(\omega) = \arctan\frac{-2\xi T\omega}{1-T^2\omega^2} \to -\pi$$

即其高频渐近线是一条 $\varphi(\omega)=-\pi=-180°$ 的水平直线。

当 $\omega=1/T$ 时，有

$$\varphi(\omega) = \arctan\frac{-2\xi T\omega}{1-T^2\omega^2} = -\frac{\pi}{2} = -90°$$

不同参考值时振荡环节的伯德图如图 4-11 所示。

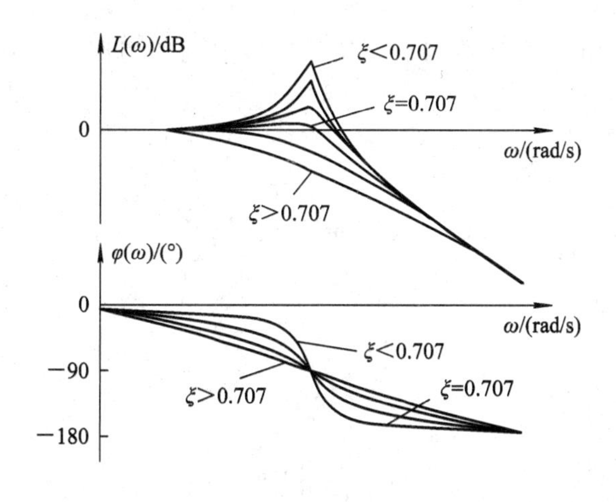

图 4-11　振荡环节的伯德图

4.2.7 延迟环节的伯德图

延迟环节的传递函数为

$$G(s)=e^{-\tau s}$$

频率特性为

$$G(j\omega)=1\angle-\tau\omega$$

对数幅值频率特性为

$$L(\omega)=20\ \lg1=0\ \text{dB}$$

延迟环节的伯德图如图 4-12 所示。其对数幅值为 0，相位有很大的滞后。

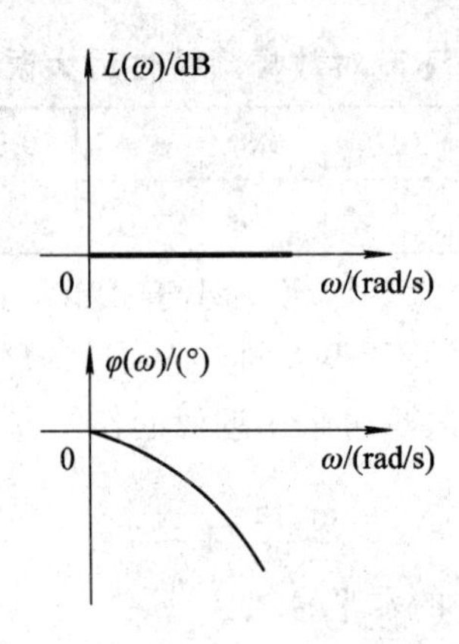

图 4-12 延迟环节的伯德图

4.3 系统开环对数频率特性曲线的绘制

当系统由典型环节组成时，在掌握了典型环节的对数频率特性之后，就可以方便地画出整个控制系统的对数频率特性图了。

4.3.1 绘制原则

设系统开环结构由 n 个环节组成，其开环传递函数为回路中各串联传递函数的乘积，即

$$G(s)=G_1(s)G_2(s)\cdots G_n(s)$$

则其开环频率特性为

$$\begin{aligned}G(j\omega)&=G_1(j\omega)G_2(j\omega)\cdots G_n(j\omega)\\&=A_1(\omega)e^{j\varphi_1(\omega)}A_2(\omega)e^{j\varphi_2(\omega)}\cdots A_n(\omega)e^{j\varphi_n(\omega)}\\&=\prod_{i=1}^{n}A_i(\omega)\cdot e^{j\sum_{i=1}^{n}\varphi_i(\omega)}\end{aligned}$$

系统的幅频特性为

$$A(\omega)=\prod_{i=1}^{n}A_i(\omega)$$

系统的相频特性为

$$\varphi(\omega)=\sum_{i=1}^{n}\varphi_i(\omega)$$

系统的开环对数幅频特性为

$$L(\omega)=20\ \lg A(\omega)=20\ \lg\prod_{i=1}^{n}A_i(\omega)=\sum_{i=1}^{n}20\ \lg A_i(\omega)$$
$$=20\ \lg A_1(\omega)+20\ \lg A_2(\omega)+\cdots+20\ \lg A_n(\omega)$$

系统的开环对数相频特性为

$$\varphi(\omega)=\varphi_1(\omega)+\varphi_2(\omega)+\cdots+\varphi_n(\omega)$$

由上式可知，系统总的开环对数幅频特性等于各环节对数幅频特性之和；总的开环相频特性等于各环节相频特性之和。

4.3.2 系统开环对数频率特性曲线绘制举例

例 4-2 已知某单位反馈系统的开环传递函数为

$$G(s)=\frac{100(s+2)}{s(s+1)(s+20)}$$

试利用叠加法绘制系统的开环对数频率特性曲线。

解 将系统的开环传递函数写成典型环节的标准形式，即

$$G(s)=\frac{10(0.5s+1)}{s(s+1)(0.05s+1)}$$

由传递函数可见，该系统包含有五个典型环节，分别为

比例环节：

$$G_1(s)=10=K$$

积分环节：

$$G_2(s)=\frac{1}{s}$$

惯性环节：

$$G_3(s)=\frac{1}{s+1},\qquad \text{转折频率}\ \omega_1=\frac{1}{1}=1\ \text{rad/s}$$

一阶微分环节：

$$G_4(s)=0.5s+1,\qquad \text{转折频率}\ \omega_2=\frac{1}{0.5}=2\ \text{rad/s}$$

惯性环节：

$$G_5(s)=\frac{1}{0.05s+1},\qquad \text{转折频率}\ \omega_3=\frac{1}{0.05}=20\ \text{rad/s}$$

根据典型环节对数幅频、相频特性曲线的绘制方法，分别绘制出五个典型环节的对数幅频特性曲线和相频特性曲线，如图 4-13 中的①②③④⑤所示。

将以上环节的幅频和相频特性曲线相叠加，即可得到系统的开环对数频率特性曲线，如图 4-13 中的 $L(\omega)$和 $\varphi(\omega)$所示。

由此例看出：运用“对数化”方法，变相乘为相加，且各典型环节的对数幅频特性又可近似表示为直线，对数相频特性又具有奇对称性，再考虑到曲线的平移和互为镜像等特

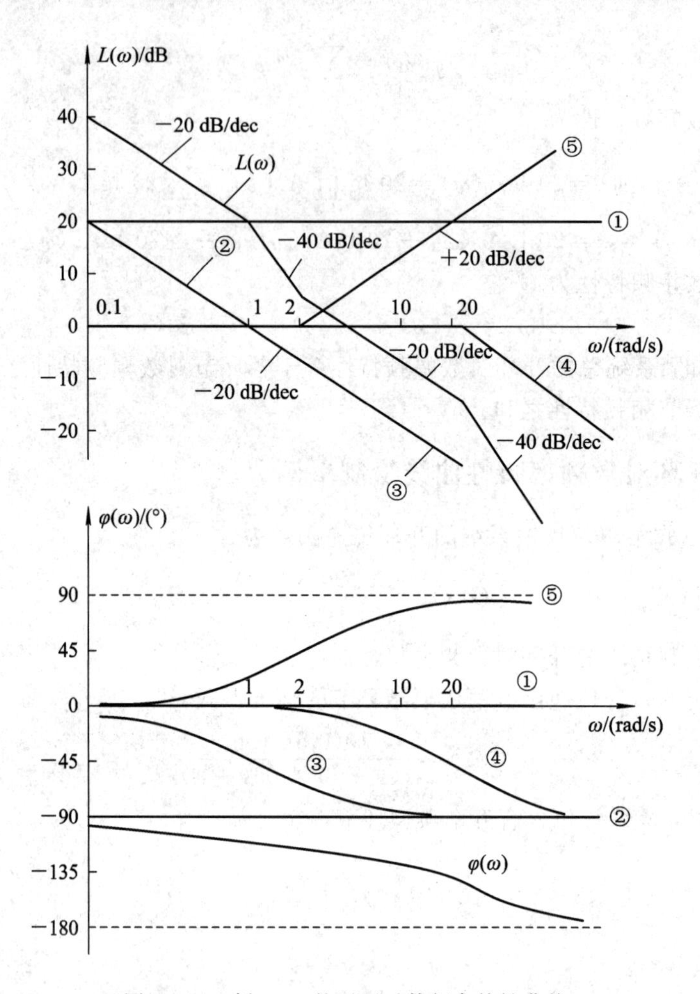

图 4-13　例 4-2 的开环对数频率特性曲线

点，故系统的开环对数频率特性曲线是比较容易绘制的。叠加法绘制系统开环对数频率特性曲线的一般步骤是：

(1) 首先写出系统的开环传递函数。

(2) 将开环传递函数写成各个典型环节乘积的形式。

(3) 画出各典型环节的对数幅频特性和相频特性曲线。

(4) 在同一坐标轴下，将各典型环节的对数幅频特性和相频特性曲线分别相叠加，即可得到系统的开环对数频率特性。

例 4-3　已知某单位反馈系统的框图如图 4-14 所示，试利用叠加法绘制该系统的开环对数频率特性曲线。

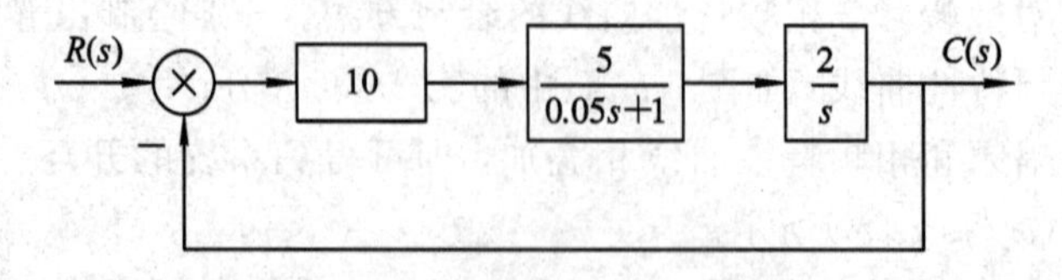

图 4-14　某单位反馈系统框图

解　由图 4-14 可见，系统的开环传递函数为

$$G(s)=10\times\frac{5}{0.05s+1}\times\frac{2}{s}=\frac{100}{s(0.05s+1)}$$

该系统包含有三个典型环节，分别为

比例环节：

$$G_1(s)=100$$

积分环节：

$$G_2(s)=\frac{1}{s}$$

惯性环节：

$$G_3(s)=\frac{1}{0.05s+1},\quad \omega_3=\frac{1}{0.05}=20\ \text{rad/s}$$

先分别绘制出以上三个典型环节的对数幅频特性曲线和对数相频特性曲线，如图 4-15中的①②③所示，将以上环节的幅频和相频特性曲线分别相叠加，即可得到系统的开环对数频率特性曲线，如图 4-15 中的 $L(\omega)$和 $\varphi(\omega)$所示。

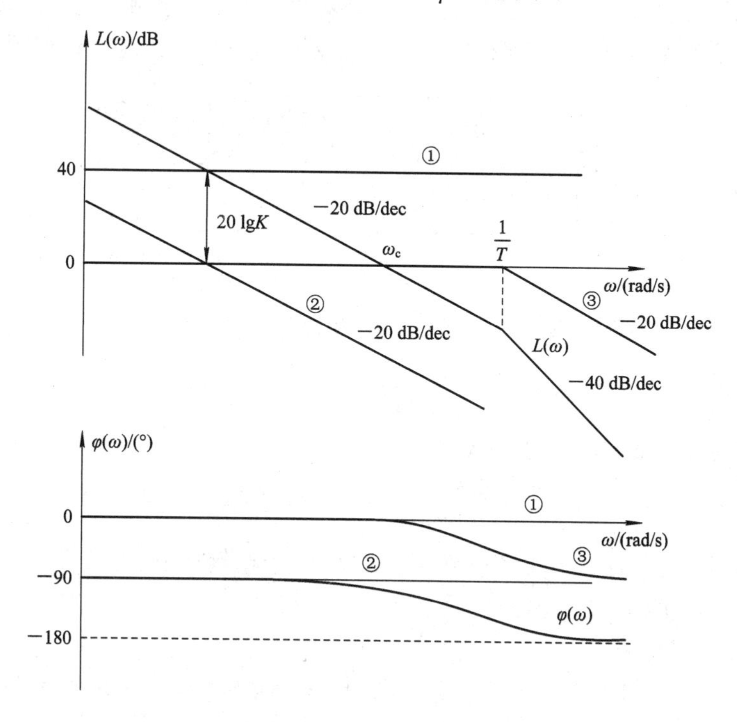

图 4-15　例 4-3 的开环对数频率特性曲线

利用叠加法绘制系统开环对数频率特性图时，要先绘制出各典型环节的对数频率特性，再进行叠加，比较麻烦。下面介绍一种对数幅频特性的简便画法，其步骤如下：

(1) 根据系统的开环传递函数分析系统是由哪些典型环节串联组成的，将这些典型环节的传递函数都化成标准形式。

(2) 计算各典型环节的交接频率，将各交接频率按由小到大的顺序进行排列。

(3) 根据比例环节的 K 值，计算 $20\ \lg K$。

(4) 低频段，找到横坐标为 $\omega=1$、纵坐标为 $L(\omega)=20\lg K$ 的点，过该点作斜率为 $-\nu20$ dB/dec的斜线，其中 ν 为积分环节的数目。

(5) 沿低频渐近线的方向，每遇到一个频率转折点就在原有斜率的基础上，按照相应环节的斜率变化，改变一次斜率。如遇到惯性环节，斜率减少 20 dB/dec；如遇到微分环节，斜率增加 20 dB/dec；如遇到振荡环节，斜率减少 40 dB/dec。在频率转折处，对相应段的渐近线进行修正。

对数相频特性的简便画法可运用渐变画法，先计算相关值，再描点绘出。如例 4-3 中：

$$\varphi(\omega)=-90^\circ-\arctan0.05\omega$$

(1) 定区间：相频特性的低频段趋近值为

$$\varphi(0)=-90^\circ-\arctan0.05\times0=-90^\circ$$

相频特性的高频段趋近值为

$$\varphi(\infty)=-90^\circ-\arctan0.05\times\infty=-180^\circ$$

(2) 定转折：一个频率转折点的相频为

$$\varphi(\omega_1)=-90^\circ-\mathrm{arcan}0.05\times20=-135^\circ$$

(3) 奇对称：用平滑的曲线在转折频率点处对称的位置，绘制出系统的相频特性曲线。

例 4-4 已知某随动系统框图如图 4-16 所示，试画出该系统的伯德图。

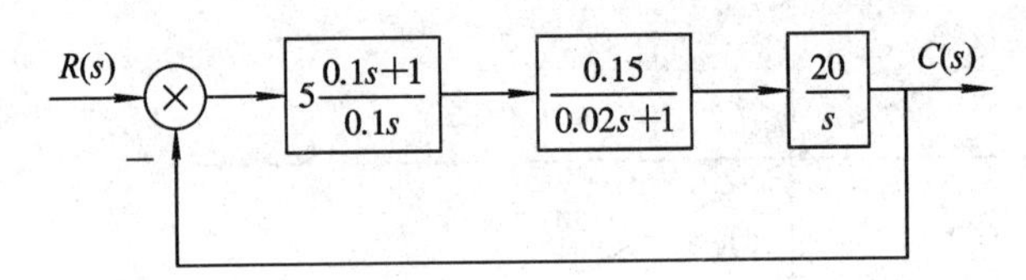

图 4-16 例 4-4 某随动系统组成框图

解 由图 4-16 可得该系统的开环传递函数为

$$G(s)=5\,\frac{0.1s+1}{0.1s}\times\frac{0.15}{0.02s+1}\times\frac{20}{s}$$

将该开环传递函数写成标准形式

$$G(s)=\frac{5\times0.15\times20}{0.1}\times\frac{0.1s+1}{s^2(0.02s+1)}=150\times\frac{1}{s^2}\times\frac{1}{0.02s+1}\times(0.1s+1)$$

由上式可见，它包含五个典型环节，分别为：一个比例环节、两个积分环节、一个惯性环节和一个微分环节。

(1) 计算交接频率。

微分环节的交接频率为 $\omega_1=1/0.1=10$ rad/s；惯性环节的交接频率为$\omega_2=1/0.02=50$ rad/s。

(2) 绘制对数幅频特性曲线的低频段。

由于 $K=150$，所以 $L(\omega)$在 $\omega=1$ 处的高度为 $20\lg K=20\lg150=43.2$ dB；系统含有两个积分环节，故其低频段斜率为 $2\times(-20$ dB/dec$)=-40$ dB/dec。因此低频段的 $L(\omega)$ 为过点 $\omega=1$，$L(\omega)=43.2$ dB，斜率为-40 dB/dec 的斜线。

(3) 中、高频段对数幅频特性曲线的绘制。

在 $\omega_1=10$ 处，遇到了微分环节，因此将对数幅频特性曲线的斜率增加 20 dB/dec，即 -40 dB/dec$+20$ dB/dec$=-20$ dB/dec，成为-20 dB/dec 的斜线；在 $\omega_2=50$ 处，又遇到

了惯性环节，则应将对数幅频特性曲线的斜率降低 20 dB/dec，即−20 dB/dec−20 dB/dec=−40 dB/dec，于是 $L(\omega)$又成为斜率为−40 dB/dec 的斜线。因此该系统的对数幅频特性如图 4-17(a)所示。

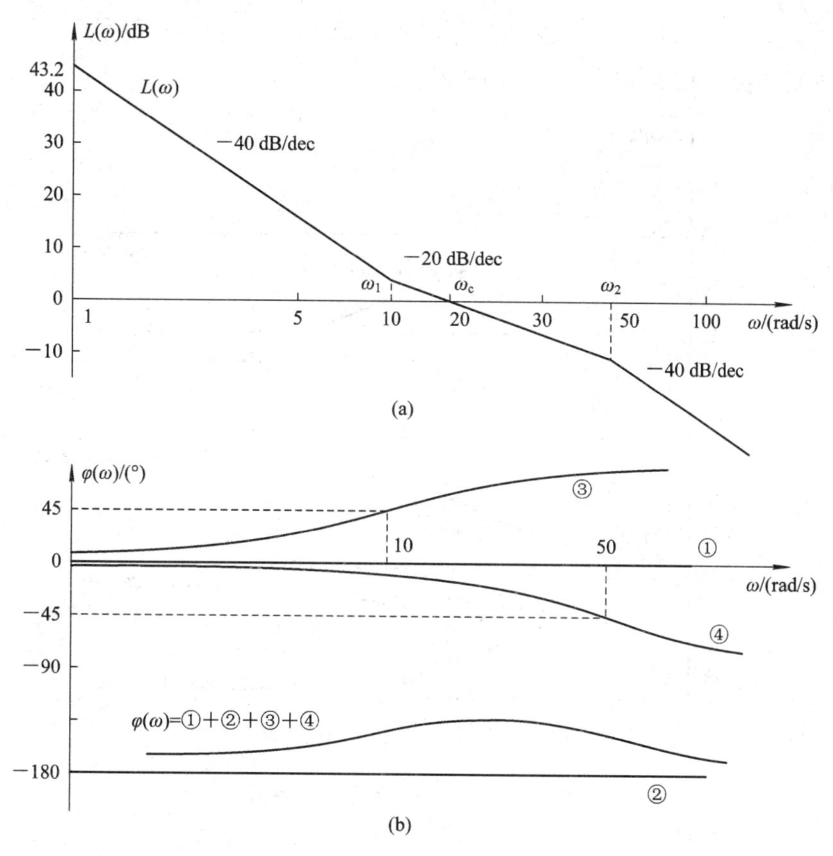

图 4-17　例 4-3 系统的开环对数频率特性

(4) 对数相频特性曲线的绘制。

比例环节的相频特性为 $\varphi_1(\omega)=0$；两个积分环节的相频特性为 $\varphi_2(\omega)=-180°$；微分环节的相频特性为 $\varphi_3(\omega)=\arctan 0.1\omega$，其低频段渐近线为 $\varphi(\omega)=0$，高频段渐近线为 $\varphi(\omega)=+90°$，在 $\omega=10$ rad/s 处，$\varphi_3(\omega)=45°$；惯性环节的相频特性为 $\varphi_4(\omega)=\arctan 0.02\omega$，其低频段渐近线为 $\varphi(\omega)=0$，高频段渐近线为 $\varphi(\omega)=-90°$，在 $\omega=50$ rad/s 处，$\varphi_4(\omega)=-45°$。以上环节的相频特性曲线分别如图 4-17 中的①②③④所示。该系统的对数相频特性 $\varphi(\omega)$为四者的叠加。即 $\varphi(\omega)=\varphi_1(\omega)+\varphi_2(\omega)+\varphi_3(\omega)+\varphi_4(\omega)$。

故系统的相频特性曲线 $\varphi(\omega)$为①、②、③、④图形的叠加，如图 4-17(b)所示。

4.3.3　最小相位系统

我们先通过例题认识一个最小相位系统。

例 4-5　已知控制系统的开环传递函数分别为

$$G_1(s)=\frac{1+0.05s}{1+0.5s},\quad G_2(s)=\frac{1-0.05s}{1+0.5s},\quad G_3(s)=\frac{1+0.05s}{1-0.5s}$$

求它们的对数幅频特性和对数相频特性。

解 由 $G_1(s)$、$G_2(s)$、$G_3(s)$可得它们的对数幅频特性为

$$A_1(\omega)=A_2(\omega)=A_3(\omega)=\frac{\sqrt{(0.05\omega)^2+1}}{\sqrt{(0.5\omega)^2+1}}$$

$$L_1(\omega)=L_2(\omega)=L_3(\omega)=20\lg\sqrt{(0.05\omega)^2+1}-20\lg\sqrt{(0.5\omega)^2+1}$$

其对数幅频特性曲线如图 4-18(a)所示。

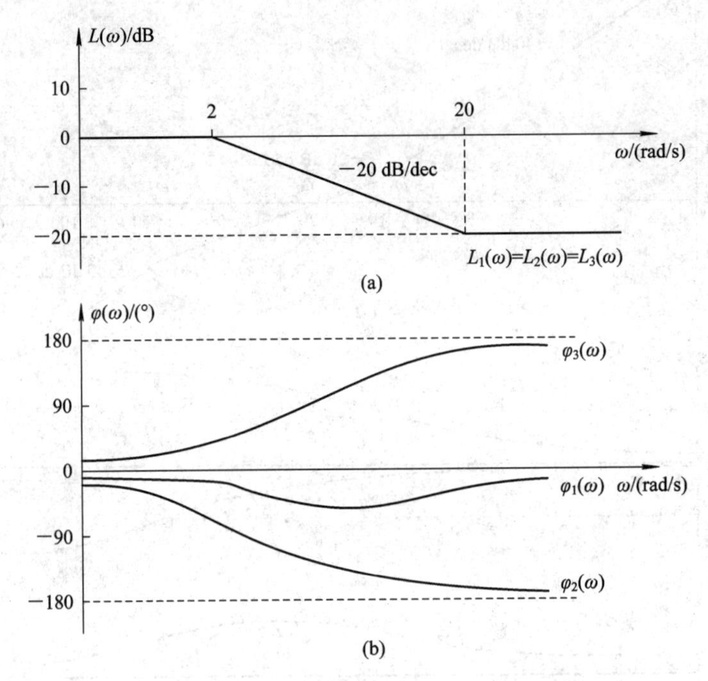

图 4-18　例 4-5 系统的伯德图

它们的对数相频特性为

$$\varphi_1(\omega)=\arctan 0.05\omega-\arctan 0.5\omega$$
$$\varphi_2(\omega)=-\arctan 0.05\omega-\arctan 0.5\omega$$
$$\varphi_3(\omega)=\arctan 0.05\omega+\arctan 0.5\omega$$

对数相频特性曲线如图 4-18(b)所示。其中，$G_1(s)$的相位 $\varphi_1(\omega)$最小，所代表的系统为最小相位系统。

在开环传递函数中，其分母多项式的根称为极点，分子多项式的根称为零点。若开环传递函数中所有的极点和零点都位于 s 平面的左半平面，则这样的系统称为最小相位系统。反之，若开环传递函数中含有 s 右半平面上的极点或零点，这样的系统则称为非最小相位系统。一般只包含比例、积分、惯性、微分、振荡、一阶微分、二阶微分等环节的系统都是最小相位环节，而包含一阶不稳定环节或延迟环节的系统则是非最小相位环节。

最小相位系统是具有相同幅频特性的一些系统中相位范围最小的那一个系统，其对数幅频特性与对数相频特性之间存在着唯一的对应关系。也就是说，根据系统的对数幅值频率特性就可以唯一地确定相应的对数相频特性和传递函数，反之亦然。具有相同幅频特性的系统或环节中，最小相位系统相位角的变化范围最小。

例 4-6　已知图 4-19 为三个最小相位系统的伯德图，试写出它们各自的传递函数，其斜率分别为−20 dB/dec、−40 dB/dec、−60 dB/dec，它们与零分贝线的交点均为 ω。

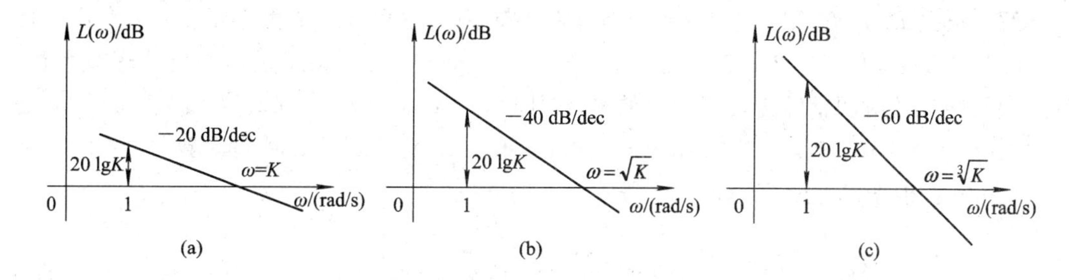

图4-19 例4-6的三个最小相位系统的伯德图

解 由图4-19(a)可知，这是一个比例积分环节，设其传递函数为$G(s)=K/s$，K可以由下式求出

$$\frac{0-20\ \lg K}{\lg\omega-\lg 1}=-20\Rightarrow K=\omega$$

即图4-19(a)的传递函数为

$$G(s)=\frac{\omega}{s}$$

图4-19(b)代表的是比例和两个积分环节的串联，设其传递函数为$G(s)=K/s^2$，K可以由下式求出

$$\frac{0-20\ \lg K}{\lg\omega-\lg 1}=-40\Rightarrow K=\omega^2$$

即图4-19(b)的传递函数为

$$G(s)=\frac{\omega^2}{s^2}$$

图4-19(c)代表的是三个比例和积分环节的串联，设其传递函数为$G(s)=K/s^3$，K可以由下式求出

$$\frac{0-20\ \lg K}{\lg\omega-\lg 1}=-60\Rightarrow K=\omega^3$$

即图4-19(c)的传递函数为

$$G(s)=\frac{\omega^3}{s^3}$$

例4-7 已知某最小相位系统的开环对数幅频特性曲线如图4-20所示，试写出系统的开环传递函数$G(s)$。图中：$\omega_1=2$，$\omega_2=50$，$\omega_c=5$。

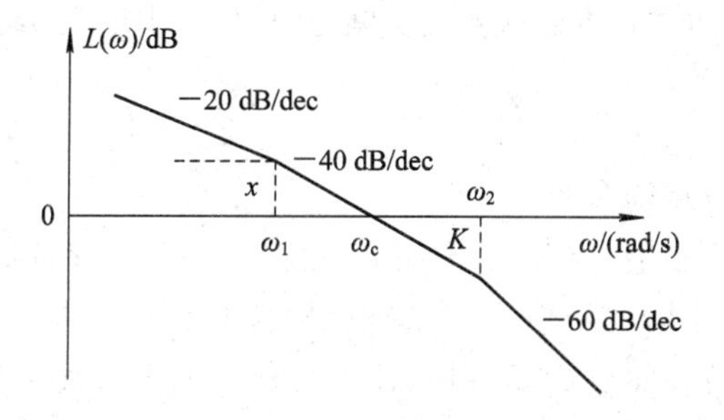

图4-20 例4-7最小相位系统的开环对数幅频特性

解 根据 $L(\omega)$在低频段的斜率和高度，可知 $G(s)$中含有一个积分环节和一个比例环节，再根据 $L(\omega)$在 $\omega_1=2$ 处斜率由 -20 dB/dec 变为 -40 dB/dec，表明有惯性环节存在，且此惯性环节的时间常数为转折频率的倒数，即 $T_1=1/\omega_1=1/2=0.5$。$L(\omega)$在 $\omega_2=50$ 处斜率由 -40 dB/dec 变为 -60 dB/dec，表明还有一个惯性环节，时间常数 $T_2=1/\omega_2=1/50=0.02$。根据以上分析，$G(s)$可写成如下形式

$$G(s)=\frac{K}{s(0.5s+1)(0.02s+1)}$$

上式中开环增益 K 可由已知的截止频率 $\omega_c=5$ 来求。在图上作低频渐近线的延长线与横轴交于一点，由例 4-6 可知，该点的坐标值即为 K。列出下列两式

$$\frac{0-20\ \lg x}{\lg\omega_c-\lg\omega_1}=-40,\qquad \frac{0-20\ \lg x}{\lg K-\lg\omega_1}=-20$$

联立消去 x，可得

$$K=\frac{\omega_c^2}{\omega_1}=\frac{5^2}{2}=12.5$$

故系统的开环传递函数为

$$G(s)=\frac{12.5}{s(0.5s+1)(0.02s+1)}$$

4.4 系统稳定性的频域分析

在第 3 章的时域分析中，利用代数判据判定闭环系统稳定性的方法，只能判断系统稳定还是不稳定，对于系统的稳定程度却不易判断。而在频域分析中，利用系统的开环频率特性不仅可以判断闭环系统的稳定性，还可以判断系统的稳定程度，同时还能方便地研究参数及结构变化对系统稳定性的影响。

4.4.1 对数频率稳定判据

对数频率稳定判据，是根据开环对数幅频与相频曲线的相互对应关系来判别闭环系统的稳定性。对数频率稳定判据表述如下：

在开环对数幅频特性曲线 $L(\omega)>0$ dB 的频率范围内，若对应的开环对数相频特性曲线 $\varphi(\omega)$对 $-\pi$ 线的正穿越与负穿越次数之差等于 $P/2$，则闭环系统稳定。即

$$N=N_+-N_-=\frac{P}{2}$$

其中，P 为系统开环正极点的个数。

正穿越：对数相频特性曲线 $\varphi(\omega)$由下往上穿过 $-\pi$ 线为正穿越，$\varphi(\omega)$曲线由下往上穿过 $-\pi$ 线一次，称为一个正穿越，从 $-\pi$ 线开始往上称为半个正穿越。N_+ 表示正穿越次数。

负穿越：对数相频特性曲线 $\varphi(\omega)$由上往下穿过 $-\pi$ 线为负穿越，$\varphi(\omega)$曲线由上往下穿过 $-\pi$ 线一次，称为一个负穿越，从 $-\pi$ 线开始往下称为半个负穿越。N_- 表示负穿越次数。

当开环传递函数含有积分环节时，对应在对数相频曲线上 ω 为 0_+ 处，用虚线向上补画 $\nu \cdot \frac{\pi}{2}$ 角。在计算正、负穿越时，应将补上的虚线看成对数相频曲线的一部分。

例 4-8　已知某系统结构图如图 4-21 所示，试判断该系统闭环的稳定性。

解　由传递函数绘制出系统的开环对数频率特性曲线如图 4-22 所示。由于系统开环传递函数中含有一个积分环节，因此，需要在相频特性曲线 $\omega=0_+$ 处向上补画 $\pi/2$ 角。

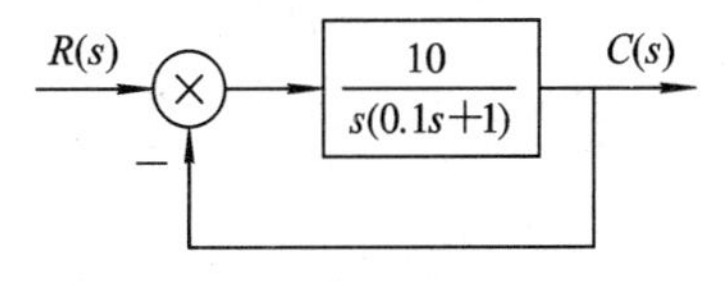

图 4-21　例 4-8 系统结构图

由开环传递函数可知，该系统开环正极点个数 $P=0$。因此，由图 4-22 可看出，在 $L(\omega)>0$ dB 的频率范围内，对应开环对数相频特性曲线 $\varphi(\omega)$ 对 $-\pi$ 线没有穿越。即 $N_+=0$，$N_-=0$。则根据对数频率稳定判据

$$N=N_+-N_-=0-0=\frac{P}{2}=0$$

所以系统闭环稳定。

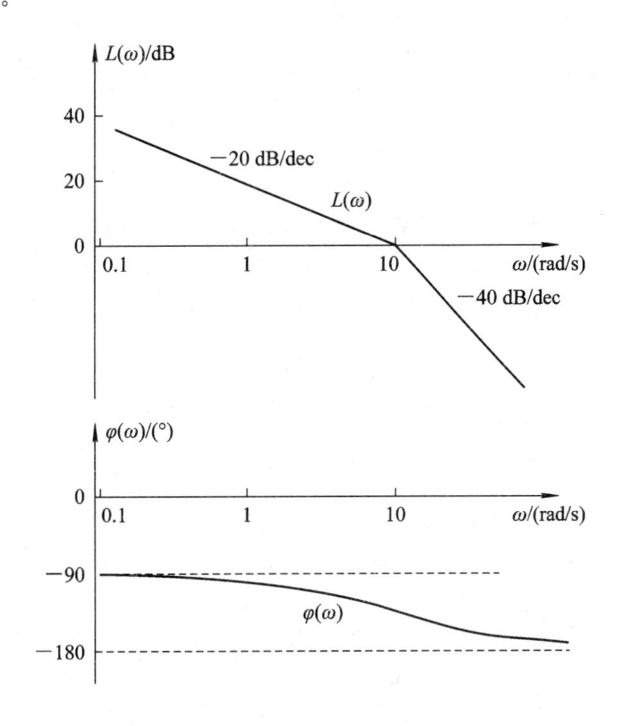

图 4-22　例 4-8 系统开环对数频率特性

例 4-9　已知系统开环传递函数为

$$G(s)=\frac{100}{s(1+0.02s)(1+0.2s)}$$

试利用对数频率稳定判据判断系统在闭环时的稳定性。

解　由开环传递函数绘制出系统的开环频率特性如图 4-23 所示。由于系统的开环传递函数中含有一个积分环节，因此需要在相频特性曲线 $\omega=0_+$ 处向上补画 $\pi/2$ 角。

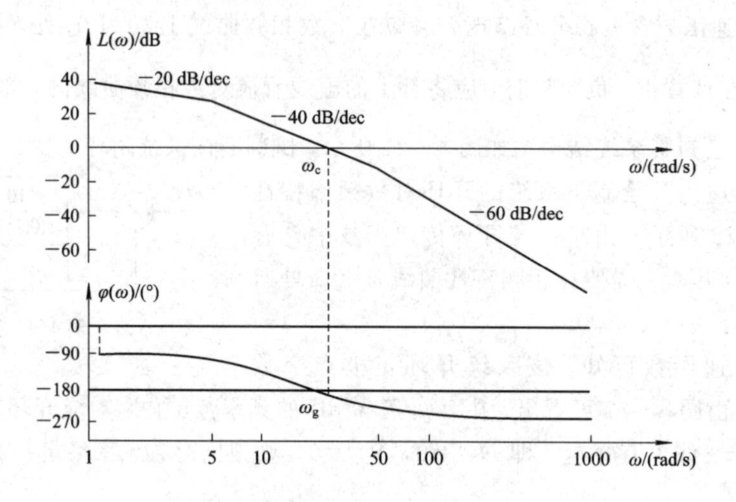

图 4-23　例 4-9 系统开环对数频率特性

根据系统开环传递函数可知，该系统开环正极点个数 $P=0$。因此，由图 4-23 可知，在 $L(\omega)>0$ dB 的频率范围内，对应开环对数相频特性曲线 $\varphi(\omega)$ 由上往下穿过 $-\pi$ 线一次（负穿越），没有正穿越，即 $N_+=0$，$N_-=1$。则根据对数频率稳定判据，有

$$N=N_+-N_-=0-1=-1\neq\frac{P}{2}$$

故系统在闭环时不稳定。

图 4-24 所示是系统处于临界稳定状态，其本质是属于不稳定状态。

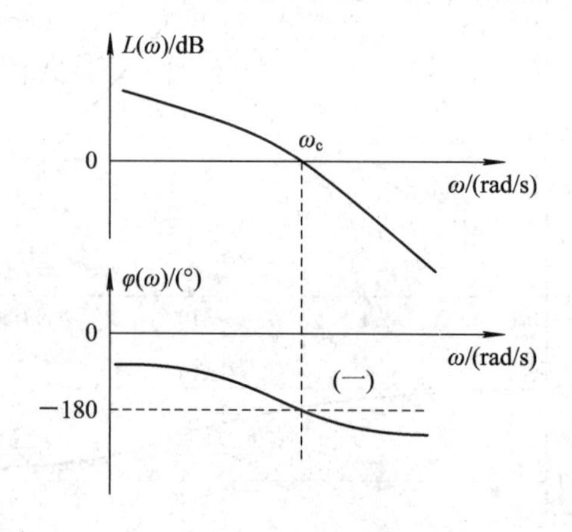

图 4-24　临界稳定系统示意图

4.4.2　稳定裕量

对控制系统不仅要求稳定，还要求有足够的稳定程度。这就涉及相对稳定性的问题，即系统的稳定程度。一般用相位稳定裕量 γ 和幅值稳定裕量 K_g 来判断系统相对稳定性的好坏。

1. 相位稳定裕量 γ

在开环对数频率特性曲线上，对应于幅值 $L(\omega)=0$ 的角频率 ω 称为穿越频率，或称截

止频率，用 ω_c 表示。

相位稳定裕量 γ 是：当 ω 等于截止频率 $\omega_c(\omega_c>0)$时，对数相频特性曲线距－180°线的相位差。即相位裕量

$$\gamma=\varphi(\omega_c)-(-180°)=180°+\varphi(\omega_c)$$

式中，$\varphi(\omega_c)$为开环相频特性曲线在 $\omega=\omega_c$ 时的相位。

图 4－25 所示为具有正相位裕量的系统。该系统不仅稳定，而且还有相当的稳定储备，它可以在 ω_c 的频率下，允许相位再增加 γ 度才达到临界稳定条件。

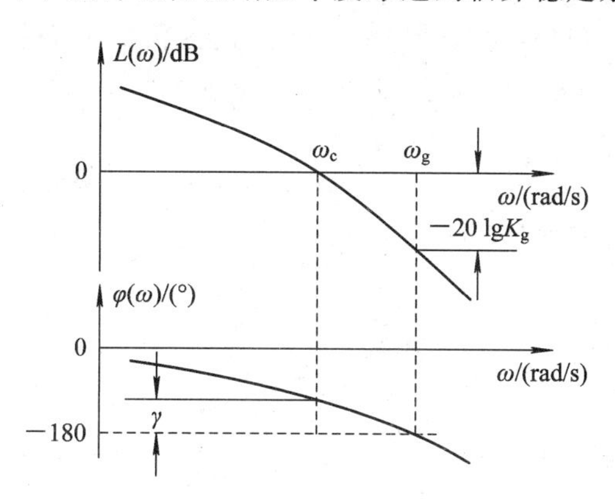

图 4－25　系统的相位稳定裕量和幅值稳定裕量

对于稳定的系统，$\varphi(\omega_c)$点必在伯德图－180°线以上，这时称为正相位裕量；对于不稳定系统，$\varphi(\omega)$线必在伯德图－180°线以下，这时称为负相位裕量。

利用相位稳定裕量 γ 判断系统稳定性的判据为：当 γ 为正相位裕量($\gamma>0°$)时，闭环系统稳定；当 γ 为负相位裕量($\gamma<0°$)时，相应的闭环系统不稳定。γ 值越大，系统的相对稳定性越好。在工程中，通常要求 γ 在 30°～60°之间。

2. 幅值稳定裕量 K_g

幅值稳定裕量 K_g 又称增益裕量，在伯德图中，对应于幅值 $\varphi(\omega)=-180°$时的角频率 ω 称为相位交界频率，用 ω_g 表示，如图 4－25 所示。

幅值稳定裕量定义为：当 ω 为相位交界频率时，开环幅频特性的倒数称为幅值稳定裕量，用 K_g 表示。即

$$K_g=\frac{1}{A(\omega_g)}$$

在对数频率特性曲线上，幅值稳定裕量 K_g 相当于 $\omega=\omega_g$ 时，幅频值 $20\ \lg A(\omega)$ 的负值，即

$$20\ \lg K_g=20\ \lg\frac{1}{A(\omega_g)}=-20\ \lg A(\omega_g)\ \text{dB}$$

利用幅值稳定裕量 K_g 判断系统稳定性的判据为：当 $K_g<1$，即 $20\ \lg K_g<0$ 时，相应的闭环系统不稳定；当 $K_g>1$，即 $20\ \lg K_g>0$ 时，相应的闭环系统稳定。一般工程中要求幅值稳定裕量 $20\ \lg K_g\geqslant 6$ dB。

稳定裕量是评价系统相对稳定性的定量指标，表明了系统的实际工作状态离临界边界的相对距离，也反映了系统的动态性能。

4.5 系统性能的频域分析

4.5.1 三频段的概念

在利用系统的开环频率特性分析闭环系统的性能时，通常将开环对数频率特性曲线分成低频段、中频段、高频段三个频段。三频段的划分并不是严格的。一般来说，第一个转折频率以前的部分称为低频段，截止频率 ω_c 附近的区段称为中频段，中频段以后的部分($\omega>10\omega_c$)为高频段，如图 4-26 所示。

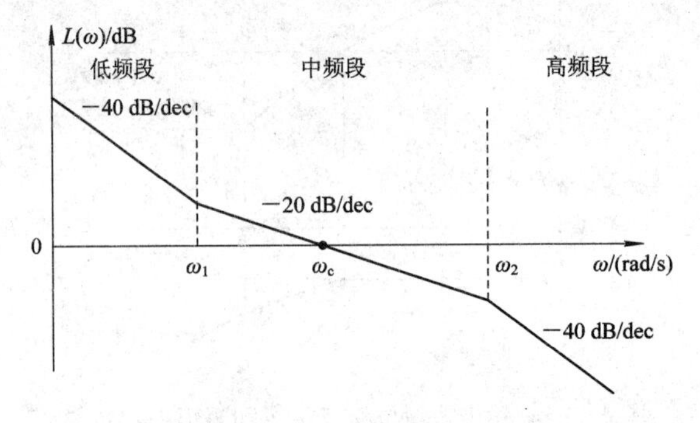

图 4-26 三频段示意图

1. 低频段

在伯德图中，低频段通常指 $L(\omega)$曲线在第一个转折频率以前的区段。这一频段特性完全由系统开环传递函数中串联积分环节的数目 ν 和开环增益 K 来决定。积分环节的数目(型别)确定了低频段的斜率，开环增益确定了曲线的高度。而系统的型别以及开环增益又与系统的稳态误差有关，因此低频段反映了系统的稳态性能。

由此，可写出对应的低频段的开环传递函数为

$$G(s)=\frac{K}{s^{\nu}}$$

则低频段对数幅频特性为

$$L(\omega)=20\ \lg A(\omega)=20\ \lg\frac{K}{\omega^{\nu}}=20\ \lg K-\nu 20\ \lg\omega$$

ν 为不同值时，低频段对数幅频特性的形状分别如图 4-27 所示。曲线为一些斜率不等的直线，斜率值为-20ν dB/dec。

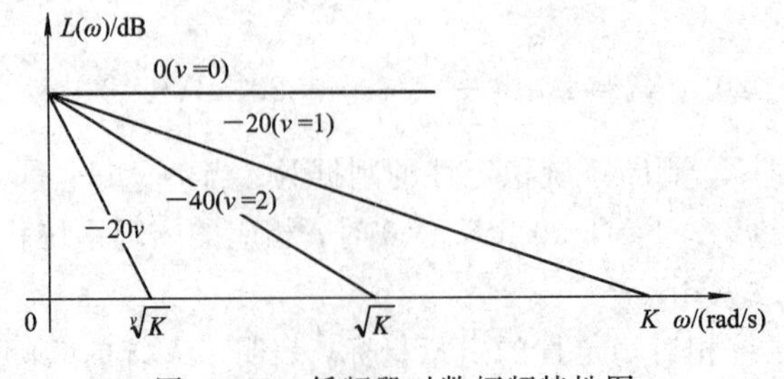

图 4-27 低频段对数幅频特性图

对于 0 型系统，即 $\nu=0$，其低频段是一条平行于横轴的直线，该直线高度为 $20\lg K$，由 K 值的大小决定，$K=\omega$。

对于Ⅰ型系统，即 $\nu=1$，其低频段斜率为 −20 dB/dec，高度由 K 值决定。

对于Ⅱ型系统，即 $\nu=2$，其低频段斜率为 −40 dB/dec，高度由 K 值决定。

开环增益 K 和低频段高度的关系可以用多种方法确定。由本章例题 4-6 知 $K=\omega^{\nu}$。所以，Ⅰ型系统的 K 值大小等于对数幅频特性曲线与横轴交点的频率值，即 $K=\omega$；Ⅱ型系统的 K 值大小等于对数幅频特性曲线与横轴交点频率值的平方，即 $K=\omega^2$。而对于 0 型系统，可由伯德图量出低频特性曲线距离 ω 轴的高度 H，由 $H=20\lg K$，求出 K 值。

开环对数频率特性曲线低频段的形状主要影响闭环系统的稳态精度。系统中包含积分环节的数目越多，开环增益越大，则其曲线斜率越小，位置越高，那么其稳态误差越小，动态响应精度越高。

2. 中频段

中频段是指开环对数幅频特性曲线在截止频率 ω_c 附近的区段，这段特性集中反映了系统动态性能的平稳性和快速性。下面讨论不同情形的中频段对系统动态性能的影响，如图 4-28 所示。

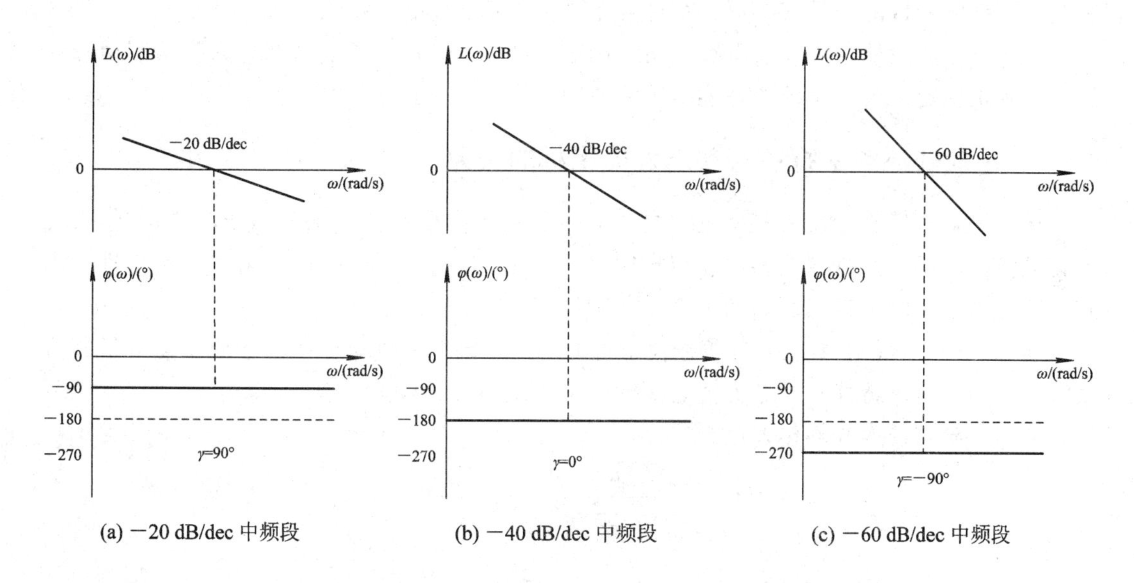

图 4-28　不同斜率中频段的相位裕量的情况

比较过 0 dB 线的斜率分别为 −20 dB/dec、−40 dB/dec 和 −60 dB/dec 的情况可知，要使系统有足够的稳定裕量，必须使通过 0 dB 线的斜率为 −20 dB/dec。因为，如果斜率为 −60 dB/dec，则 $\gamma<0°$，系统不稳定；如果斜率为 −40 dB/dec，则 $\gamma=0°$，系统处于临界稳定状态，所以，只有斜率为 −20 dB/dec 时，$\gamma>0°$，才能保证系统稳定。

一般在工程中，中频段的斜率设计以 −20 dB/dec 为宜，并要有一定的宽度，以期得到良好的平稳性，保证系统有足够的相位稳定裕度，使系统表现出较好的稳定性。截止频率 ω_c 与系统的调整时间有关，适当增大 ω_c，可以提高系统的响应速度。

3. 高频段

高频段一般是指 $L(\omega)$ 曲线在 $\omega>10\omega_c$ 的区段。这部分特性是由系统中时间常数很小的环节决定的。一般这部分区域的输出量幅值很小，故对系统动态响应影响不大。但这部分受干扰信号的影响较显著。具体分析如下。

从单位反馈系统来看，若开环传递函数为 $G(s)$，则其闭环传递函数为

$$\varphi(s)=\frac{G(s)}{1+G(s)}$$

频率特性为

$$\varphi(\mathrm{j}\omega)=\frac{G(\mathrm{j}\omega)}{1+G(\mathrm{j}\omega)}$$

在高频段，$20\lg A(\mathrm{j}\omega)\ll 0$，即 $A(\mathrm{j}\omega)\ll 1$，故有

$$|\Phi(\mathrm{j}\omega)|=\frac{|G(\mathrm{j}\omega)|}{|1+G(\mathrm{j}\omega)|}\approx|G(\mathrm{j}\omega)|$$

即闭环幅频特性近似等于开环幅频特性。

系统开环对数幅频特性在高频段的幅值，直接反映了系统对输入端高频干扰信号的抑制能力。高频特性的分贝值越低，表明系统的抗高频干扰能力越强。

系统三个频段的划分并没有很严格的确定性准则，但是三频段的概念为直接应用开环特性来判别稳定的闭环系统的性能指出了原则和方向。

4.5.2 系统开环频率特性与动态性能指标的关系

用开环频率特性分析系统动态性能时，一般用相位稳定裕量 γ 和截止频率 ω_c 作为开环频域指标。系统的时域动态性能用超调量 $\sigma\%$ 和调整时间 t_s 来描述，在此，我们推导出开环频域指标和时域指标之间的关系。

实际应用中，高阶系统的分析往往都近似为二阶系统来进行分析。下面重点分析二阶系统(Ⅰ型)的频率特性与动态性能之间的定量或定性关系。

典型二阶系统的开环传递函数为

$$G(s)=\frac{K}{s(Ts+1)}=\frac{\omega_n^2}{s(s+2\xi\omega_n)}$$

式中，$\omega_n=\sqrt{\dfrac{K}{T}}$，$\xi=\dfrac{1}{2\sqrt{KT}}$。

典型二阶系统的伯德图如图 4-29 所示。图中 $\omega_c=K=\dfrac{\omega_n}{2\xi}$，为了保证对数幅频特性曲线以 -20 dB/dec 的斜率穿越 0 dB 线，必须使 $\omega_c<1/T$，即 $KT<1$。

跟随动态指标主要有三项。

(1) 最大超调量：

$$\sigma\%=\mathrm{e}^{-\xi\pi/\sqrt{1-\xi^2}}\times 100\%$$

(2) 上升时间：

$$t_r=\frac{\pi-\varphi}{\omega_d}$$

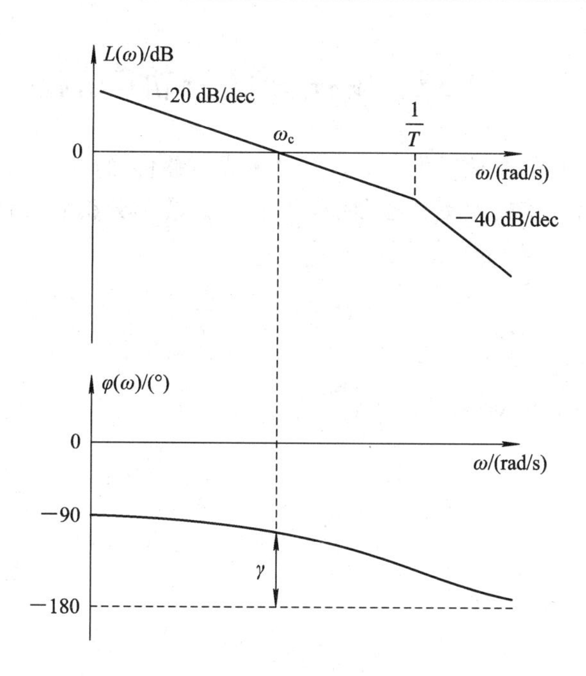

图 4－29　典型二阶系统的伯德图

（3）调整时间：

$$t_s=\frac{3}{\xi\omega_n}\ (\text{按 }5\%\text{ 误差带计算})；\quad t_s=\frac{4}{\xi\omega_n}\ (\text{按 }2\%\text{ 误差带计算})$$

动态指标 $\sigma\%$、t_r、t_s 和系统参数 K、T、ξ 之间的关系如表 4－2 所示。

表 4－2　二阶系统参数与动态性能指标的关系

系统参数 KT		0.39	0.50	0.69	1.0
阻尼系数 ξ		0.8	0.707	0.6	0.5
超调量 $\sigma\%$		1.5	4.3	9.5	16.3
相位裕量 γ		69.9°	65.5°	59.2°	51.8°
上升时间 t_r		$6.7T$	$4.7T$	$3.3T$	$2.4T$
调整时间 t_s	$\sigma=5\%$	$6T$ 左右			
	$\sigma=2\%$	$8T$ 左右			

表中，T 为系统的固有惯性参数，通常取值为 0.5～0.8，对应的 $t_s=(6\sim8)T$，这表明 T 越大，调整时间 t_s 越长，系统的快速性越差；另外，T 越大，对应的阻尼比 ξ 越小，则系统的超调量 $\sigma\%$增大，系统的相位裕量 γ 越小，相对稳定性就越差。

系统的增益 K 加大，则系统的快速性改善，但系统的稳定性会变差。

对于高阶系统，开环频域指标与时域指标之间没有确定的关系，但大多数实际系统，开环频域指标能反映暂态过程的基本过程。总之，系统的开环频率特性反映了系统的闭环响应性能。对于稳定的系统，相位稳定裕量取决于系统开环对数幅频特性低频段的形状，其动态性能主要取决于开环对数幅频特性中频段的形状。

4.6　MATLAB 在频域分析中的应用

手工绘制伯德图的工作量较大，绘制出的曲线不够精确，利用 MATLAB 仿真软件，可以迅速准确地作出系统的频率特性曲线，为控制系统的分析和设计提供极大的方便。

例 4－10　已知系统开环传递函数为

$$G(s)=\frac{s+100}{(s+2)(s^2+4s+3)}$$

试画出该系统的伯德图。

解　输入以下 MATLAB 命令，绘制系统的伯德图，结果如图 4－30 所示。

```
num=[1 100];
den=conv([1 2],[1 4 3]);
w=logspace(-5,20);
[mag,pha]=bode(num,den,w);
magdB=20 * log10(mag);
subplot(211),semilogx(w,magdB)
grid on
xlabel('频率(rad/sec)')
ylabel('增益 dB')
subplot(212),semilogx(w,pha)
grid on
xlabel('频率(rad/sec)')
ylabel('相位 deg')
```

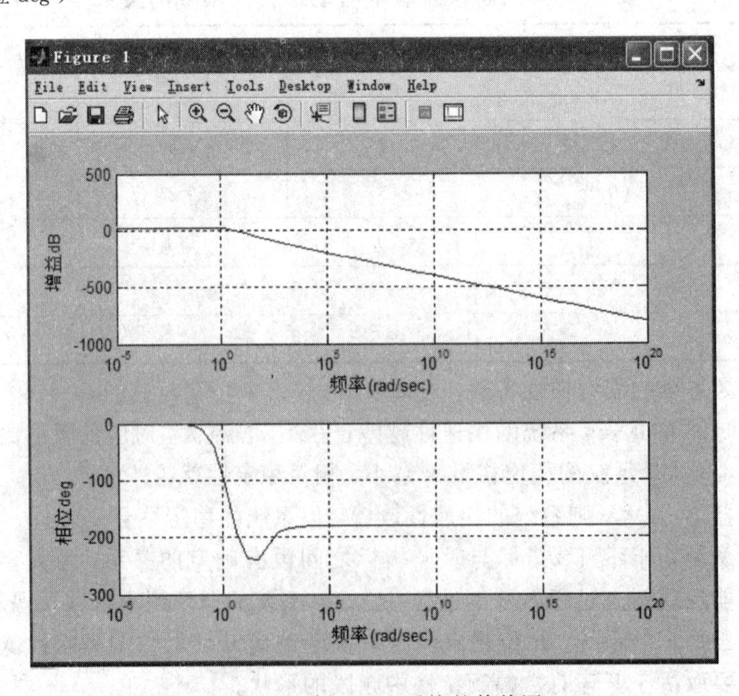

图 4－30　例 4－10 系统的伯德图

例 4-11　设系统开环传递函数为

$$G(s)=\frac{2.33}{(0.162s+1)(0.0368s+1)(0.00167s+1)}$$

绘制开环伯德图，并求系统的稳定裕量。

解　在命令窗口输入下列命令：

```
h1=tf([2.33],[0.162 1]);
h2=tf([1],[0.0368 1]);
h3=tf([1],[0.00167 1]);
h=h1 * h2 * h3;
[num,den]=tfdata(h);
[mag,phase,w]=bode(num,den);
subplot(211);
semilogy(w,20 * log10(mag));grid;
xlabel('频率(rad/sec)')
ylabel('增益 dB')
subplot(212);
semilogy(w,phase);grid;
xlabel('频率(rad/sec)')
ylabel('相位 deg')
[gm,pm,wcg,wcp]=margin(mag,phase,w)
```

结果如图 4-31 所示。

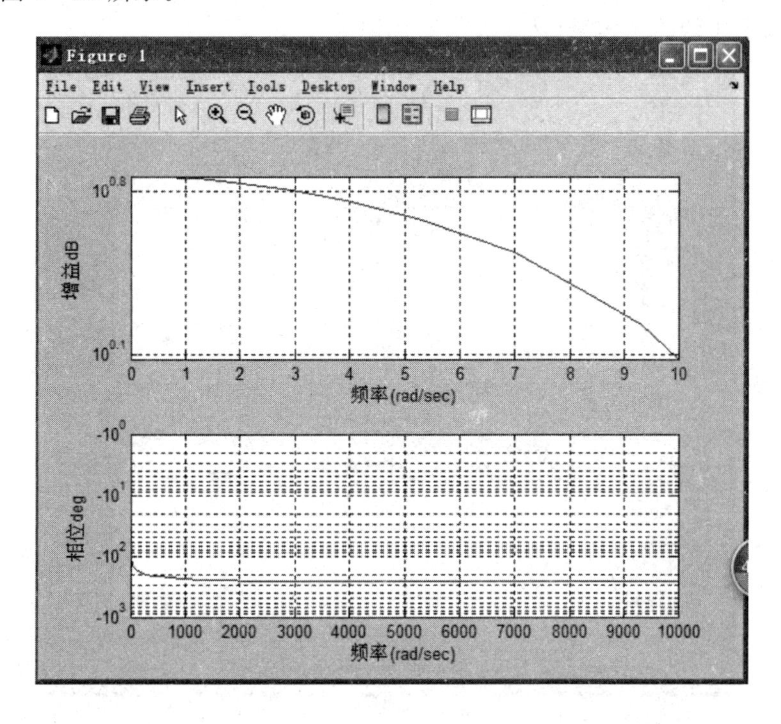

图 4-31　例 4-11 的伯德图

在 MATLAB 窗口中得到系统的稳定裕量如下：

```
>>
gm =54.0835
pm =93.6161
wcg =141.9361
wcp =11.6420
```

例 4-12 已知系统开环传递函数为

$$G(s)=\frac{80\,(s+5)^2}{(s+1)(s^2+s+9)}$$

试求系统的幅值稳定裕量和相位稳定裕量，判断系统的稳定性，并绘出单位阶跃响应曲线进行验证。

解 先将系统开环传递函数变形为

$$G(s)=\frac{80s^2+800s+2000}{(s+1)(s^2+s+9)}$$

则在命令窗口输入：

```
num=[80 800 2000];
den=conv([1 1],[1 1 9]);
G=tf(num,den);
G_c=feedback(G,1,-1);
step(G_c);
[gm,pm,wcg,wcp]=margin(num,den)
```

程序执行结果如图 4-32 所示。

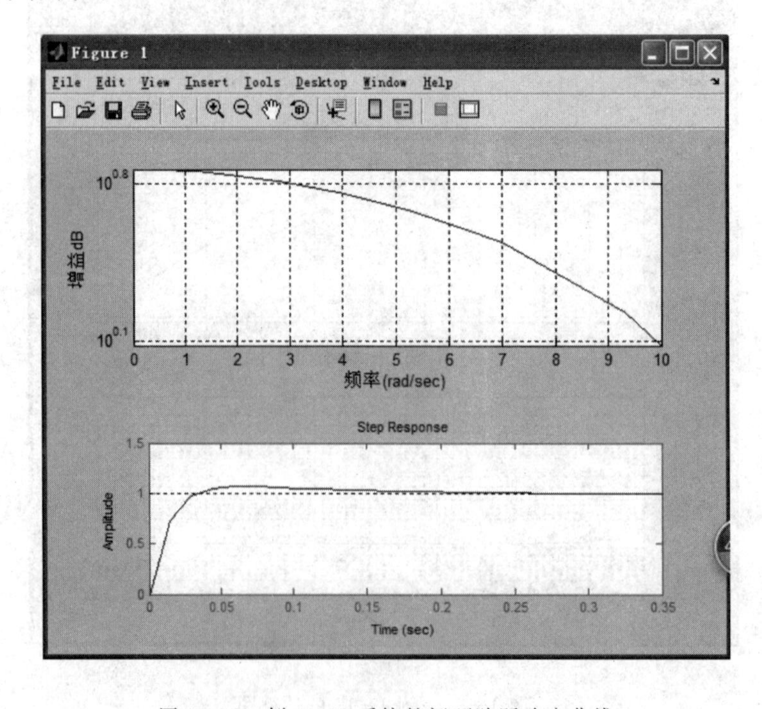

图 4-32　例 4-12 系统的闭环阶跃响应曲线

同时，在 MATLAB 命令窗口可以得到系统的稳定裕量如下：

```
gm=
    Inf
pm=
    84.3097
wcg=
    NaN
wcp=
    80.4094
```

可见，该系统有无穷大的增益裕度，且相位裕量高达 84.3°，因此系统是稳定的。从图 4-32 所示的系统闭环阶跃响应曲线中也可验证出系统是收敛稳定的。

本章小结

(1) 频率特性是线性定常系统的一种数学模型，它与微分方程和传递函数一样是控制系统输入输出关系的表现形式。频率特性是在正弦信号的作用下，表示系统稳态输出量与输入量的比值与其所传递信号频率的关系。

(2) 频率特性曲线主要包括幅相频率特性曲线和对数频率特性曲线。幅相频率特性曲线又称为极坐标图或奈奎斯特曲线，对数频率特性曲线又称为伯德图。

(3) 最小相位系统是其所有极点和零点都位于 s 平面左半平面的系统。最小相位系统的特点表现为：它是在具有相同幅频特性的一些系统中相位范围最小的系统。最小相位系统的幅频特性和相频特性之间有唯一对应的关系。根据最小相位系统的对数幅频特性曲线可以确定其数学模型及相应的性能。

(4) 根据系统的开环频率特性可以判断闭环系统的稳定性。该对数频率稳定判据为：在开环对数幅频特性曲线 $L(\omega)>0$ dB 的频率范围内，若对应的开环对数相频曲线 $\varphi(\omega)$ 对 $-\pi$ 线的正、负穿越之差等于 $P/2$，即 $N=N_{+}-N_{-}=P/2$(P 为开环正极点的个数)，则闭环系统稳定。

(5) 控制系统的稳定程度可通过稳定裕量来判定，稳定裕量包括相位稳定裕量 γ 和幅值稳定裕量 K_g，在工程实际中，一般要求 γ 在 30°～60°之间，要求 K_g 大于 6 dB。

(6) 为了方便地绘制对数频率特性曲线并利用其来定性分析系统性能，通常将开环频率特性曲线分为低频段、中频段和高频段三个频段。低频段反映了系统的稳态精度；中频段主要反映系统的动态性能，它决定了系统动态响应的平稳性和快速性；高频段则反映了系统的抗干扰能力。

(7) 对二阶系统，当取 $K=1/2T(\xi=0.707)$时，系统为最佳二阶系统，其稳定性、快速性和准确性综合表现为最佳。

习　题　4

4-1　若系统的单位阶跃响应为 $c(t)=1-1.8e^{-4t}+0.8e^{-9t}(t\geqslant 0)$，试求取该系统的

频率特性。

4-2　设单位负反馈控制系统的开环传递函数为 $G(s)=\dfrac{1}{s+1}$，试求当输入信号分别为 $r(t)=\sin(t+30°)$，$r(t)=2\cos(2t-45°)$，$r(t)=\sin 2t$ 时，系统的稳态输出。

4-3　已知传递函数为 $G(s)=\dfrac{K}{Ts+1}$，利用实验法测得其频率响应，当 $\omega=1$ rad/s 时，幅值 $A=12/\sqrt{2}$，相频 $\varphi=-\pi/4$，试问增益 K 及时间常数 T 各为多少？

4-4　某单位负反馈系统的开环传递函数分别为

$$G_1(s)=\frac{100}{s(0.2s+1)},$$

$$G_2(s)=\frac{10}{s(0.2s+1)(s-1)}$$

试粗略绘制出其幅相频率特性曲线。

4-5　设系统的开环传递函数如下，试绘制出系统的开环对数频率特性曲线。

(1) $G(s)=\dfrac{10}{s(s+1)(s+2)}$

(2) $G(s)=\dfrac{2}{(2s+1)(8s+1)}$

(3) $G(s)=\dfrac{100}{s^2(s+1)(150s+1)}$

(4) $G(s)=\dfrac{10(s+0.2)}{s^2(s+0.1)}$

(5) $G(s)=\dfrac{100(s+1)}{s(s^2+8s+100)}$

4-6　试绘制下面 0 型系统的开环对数频率特性：

$$G(s)=\frac{K}{(1+T_1s)(1+T_2s)}\qquad T_1>T_2$$

4-7　已知系统的开环传递函数为

$$G(s)=\frac{10(0.2s+1)}{s(2s+1)}$$

试绘制系统的开环对数幅频渐近特性。

4-8　已知两个单位负反馈系统的开环传递函数分别为

$$G_1(s)=\frac{10}{s\,(0.1s+1)^2},$$

$$G_2(s)=\frac{100}{s(s^2+0.8s+100)}$$

试利用对数频率稳定判据判别两闭环系统的稳定性。

4-9　已知一些最小元件的对数幅频特性曲线分别如图 4-33(a)、(b)、(c)所示，试根据对数幅频特性曲线写出它们的传递函数，并计算出各参数值。

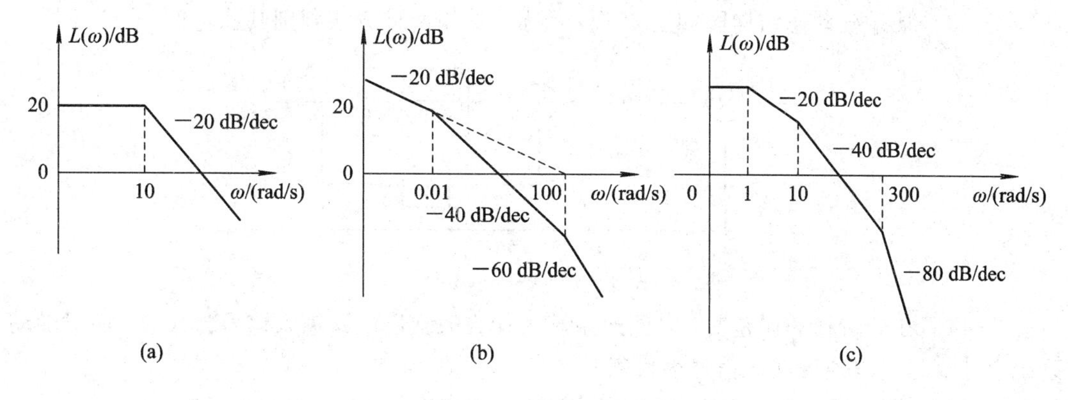

图 4-33 题 4-9 图

4-10 已知最小相位系统伯德图如图 4-34 所示，求该系统的开环传递函数。

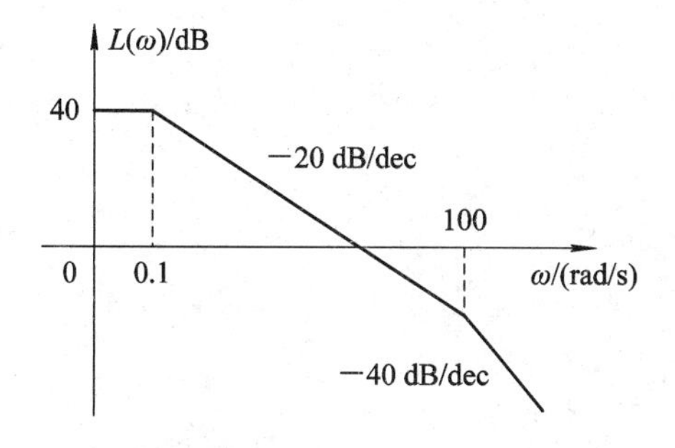

图 4-34 题 4-10 图

4-11 已知某系统的开环对数幅频特性曲线如图 4-35 所示，试写出系统的开环传递函数。

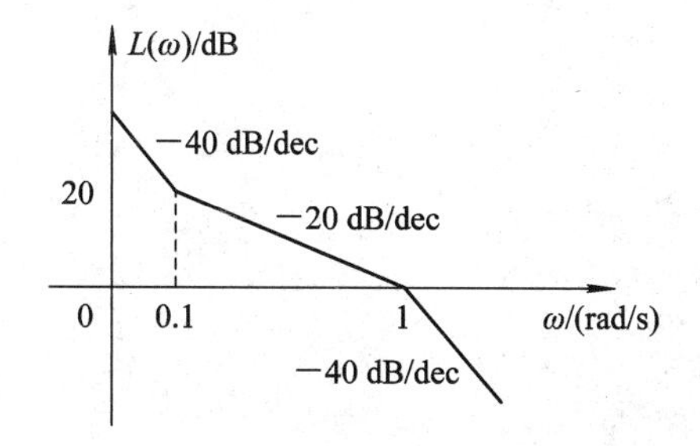

图 4-35 题 4-11 图

4-12 已知系统的结构图如图 4-36 所示，试计算系统的相位稳定裕量 γ 和幅值稳定裕量 K_g。

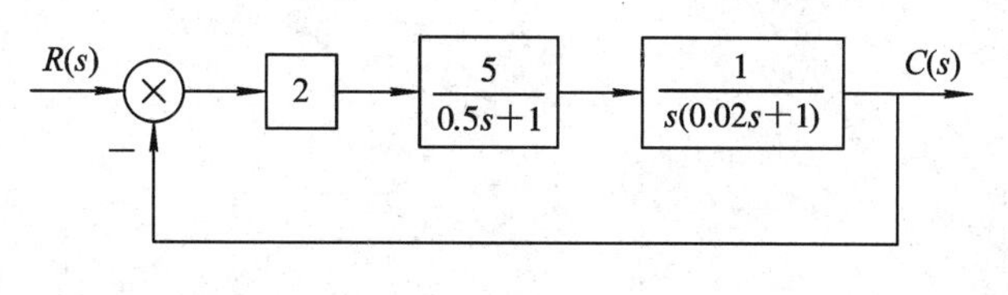

图 4-36 题 4-12 图

4-13　某系统动态结构图如图4-37所示，试用两种方法判别其稳定性。

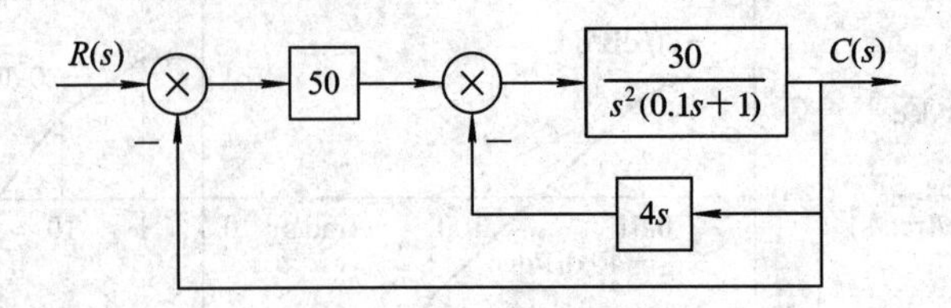

图4-37　题4-13图

4-14　在分析稳态误差时，对调速系统为什么通常以阶跃输入信号为代表，而对随动系统为什么通常以速度输入信号为代表？

4-15　系统低、中、高频段各反映系统什么性能？主要特征量是什么？

第 5 章　自动控制系统的校正

在对控制系统进行设计时，要根据控制要求来确定控制方案和元器件参数，一般说来，几乎所有的初次设计方案在实际运行时，往往达不到预先设定的性能指标，这时就需要对已有的控制系统进行校正，具体做法是增加装置、元件或调整元件参数，以改善系统的动、静态性能，使系统满足要求的性能指标。

5.1　系统校正概述

5.1.1　系统校正的基本概念

在初步设计方案中保留下来的元件或装置，称为系统的固有部分。

系统校正：在系统原有结构上增加新的装置以改善系统性能的方法，称为系统校正。所增加的装置叫做校正装置或校正环节。

5.1.2　校正的类型

根据校正装置在系统中所处的位置不同，分串联校正、反馈校正和顺馈补偿校正。

串联校正可分为相位超前校正、相位滞后校正和相位滞后-超前校正。反馈校正可分为软反馈校正和硬反馈校正。顺馈补偿校正可分为输入顺馈补偿校正和扰动补偿校正。

5.1.3　常用校正装置

常用校正装置分无源校正装置和有源校正装置两种。带电源工作的校正装置为有源校正装置，无需电源工作的装置为无源校正装置。典型有源校正装置的结构、传递函数及其伯德图如表 5－1 所示，典型无源校正装置的结构、传递函数及其伯德图如表 5－2 所示。

表 5－1　典型有源校正装置的结构、传递函数及其伯德图

	PD 调节器	PI 调节器	PID 调节器
RC 网络	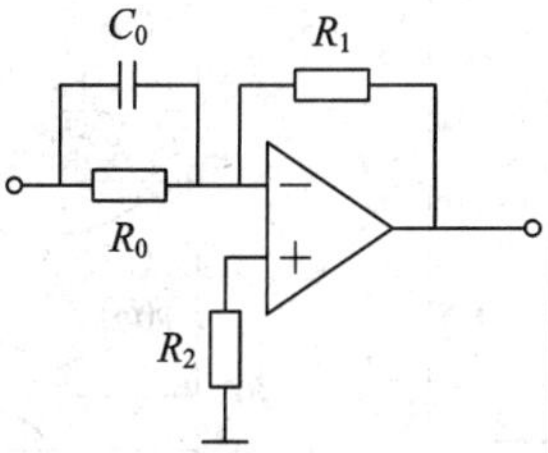 C_0　R_1　R_0　R_2	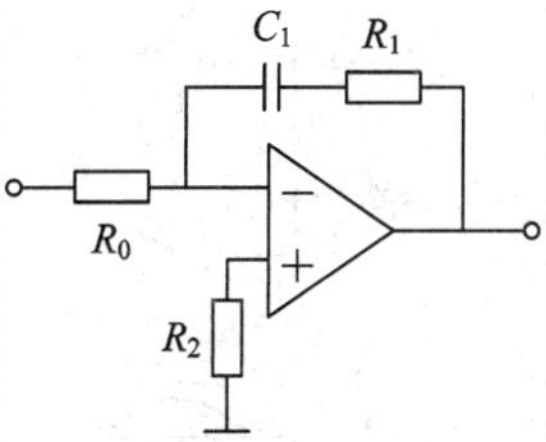 C_1　R_1　R_0　R_2	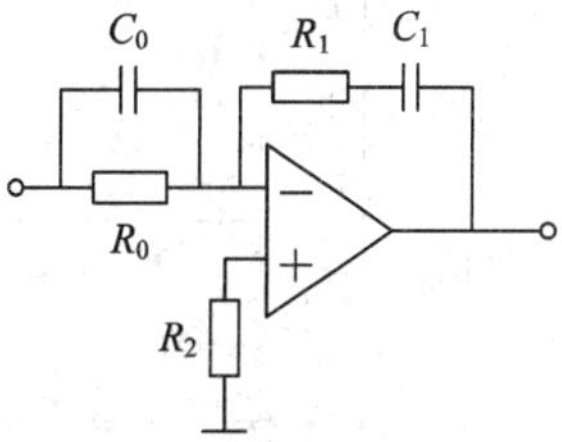 C_0　R_1　C_1　R_0　R_2

续表

	PD调节器	PI调节器	PID调节器
传递函数	$G(s)=-K(\tau_d s+1)$ 式中 $K=\frac{R_1}{R_0}$ $\tau_d=R_0C_0$	$G(s)=\frac{K(\tau_i s+1)}{\tau_i s}$ 式中 $K=\frac{R_1}{R_0}$ $\tau_i=R_1C_1$	$G(s)=-\frac{K(\tau_1 s+1)(\tau_2 s+1)}{\tau_1 s}$ 式中 $K=\frac{R_1}{R_0}$ $\tau_1=R_1C_1 \quad \tau_2=R_0C_0$
伯德图	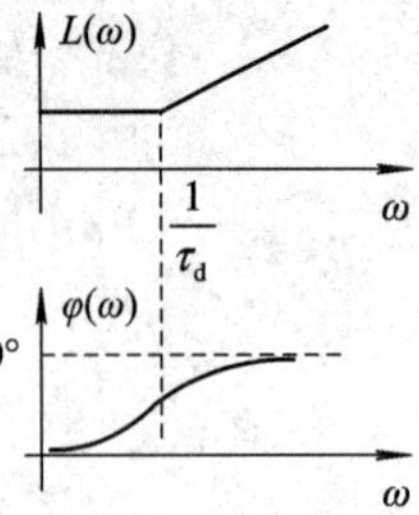 L(ω) $\frac{1}{\tau_d}$ ω φ(ω) 90° ω	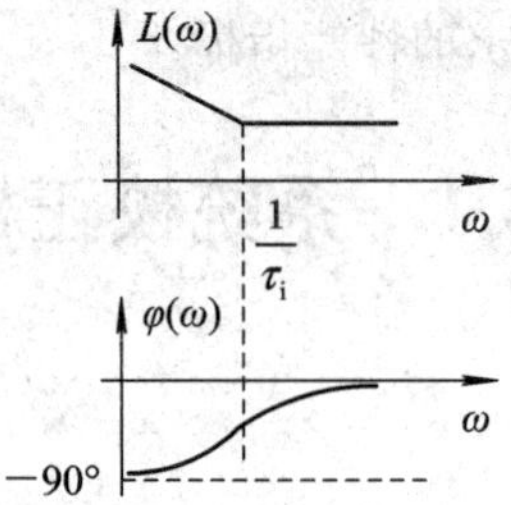 L(ω) $\frac{1}{\tau_i}$ ω φ(ω) −90° ω	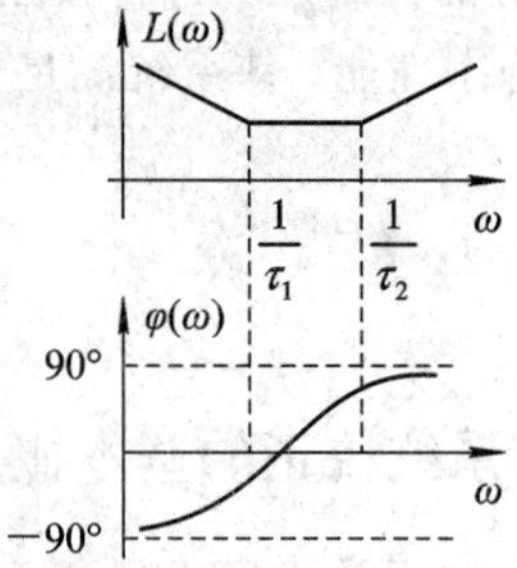 L(ω) $\frac{1}{\tau_1}$ $\frac{1}{\tau_2}$ ω φ(ω) 90° −90° ω

表5-2　典型无源校正装置的结构、传递函数及其伯德图

	相位滞后校正装置	相位超前校正装置	相位滞后-超前校正装置
RC网络	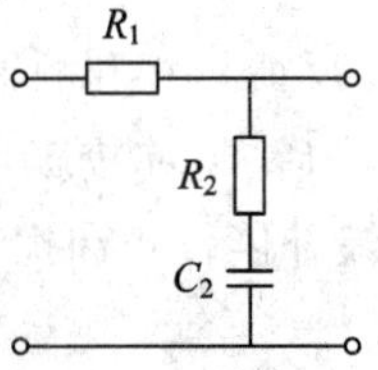 R_1 R_2 C_2	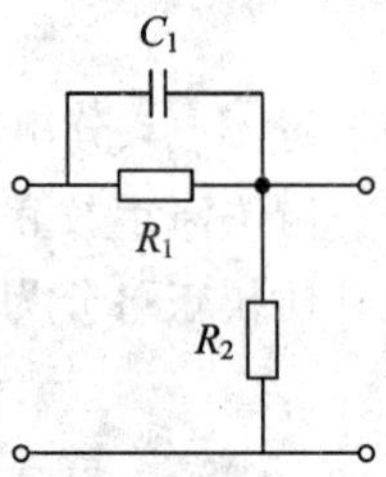 C_1 R_1 R_2	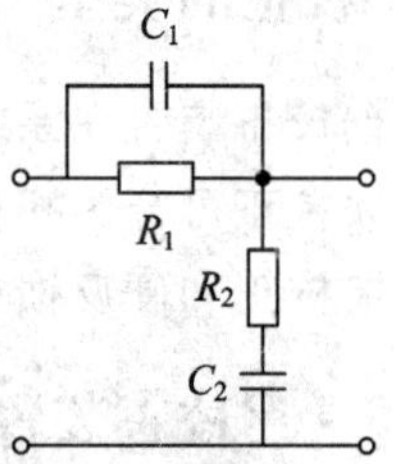 C_1 R_1 R_2 C_2
传递函数	$G(s)=\frac{\tau_2 s+1}{\tau_1 s+1}$ 式中 $\tau_1=(R_1+R_2)C_2$ $\tau_2=R_2C_2$ $\tau_2<\tau_1$	$G(s)=\frac{K(\tau_1 s+1)}{\tau_2 s+1}$ 式中 $K=\frac{R_1}{R_1+R_2} \quad \tau_1=R_1C_1$ $\tau_2=\frac{R_1R_2}{R_1+R_2}C_1 \quad \tau_1\geqslant\tau_2$	$G(s)=\frac{(\tau_1 s+1)(\tau_2+1)}{(\tau_1 s+1)(\tau_2 s+1)+R_1C_2 s}$ $=\frac{(\tau_1 s+1)(\tau_2 s+1)}{(\tau'_1 s+1)(\tau'_2 s+1)}$ 式中 $\tau_1=R_1C_1 \quad \tau_2=R_2C_1$ $\tau_1<\tau_2$
伯德图	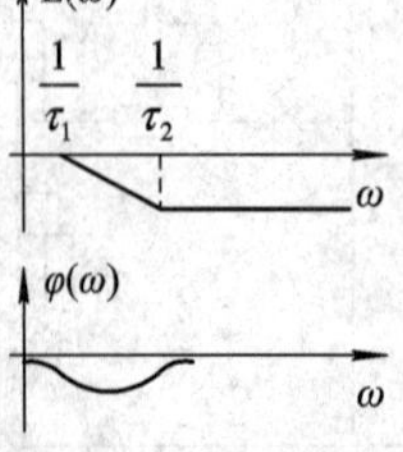 L(ω) $\frac{1}{\tau_1}$ $\frac{1}{\tau_2}$ ω φ(ω) ω	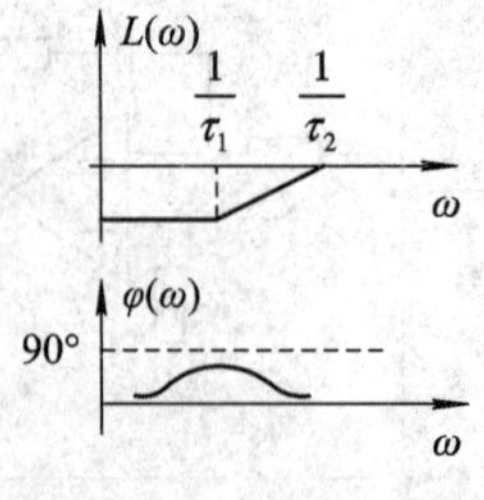 L(ω) $\frac{1}{\tau_1}$ $\frac{1}{\tau_2}$ ω φ(ω) 90° ω	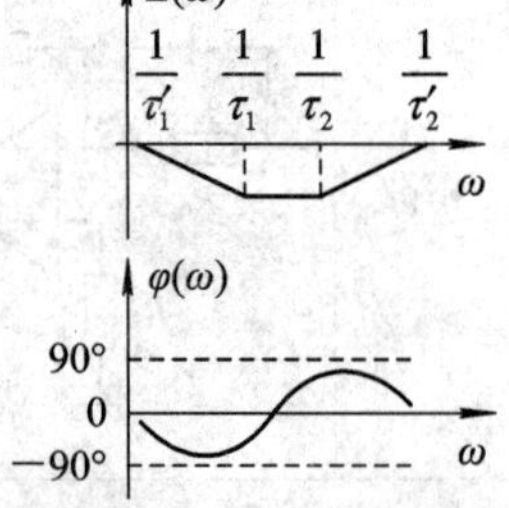 L(ω) $\frac{1}{\tau'_1}$ $\frac{1}{\tau_1}$ $\frac{1}{\tau_2}$ $\frac{1}{\tau'_2}$ ω φ(ω) 90° 0 −90° ω

无源校正装置线路简单、组合方便、无需外供电源，但本身没有增益，只有衰减，且输入阻抗较低，输出阻抗又较高，因此在实际应用时，常常需要增加放大器或隔离放大器。而有源校正装置本身有增益，且输入阻抗高，输出阻抗低。此外，只要改变反馈阻抗，就可以改变校正装置的结构，参数调整也很方便。所以在自动控制系统中多采用有源校正装置。其缺点是线路较复杂，需另外供给电源(通常需正、负电压源)。

5.1.4　频域法校正系统设计方法

1. 分析法

分析法又称试探法，这种方法是将校正装置按其相移特性划分成几种简单、容易实现的类型，如相位超前校正、相位滞后校正、相位滞后-超前校正等。这些校正装置的结构已定，而参数可以调节，分析法要求设计者首先根据经验确定校正方案，然后根据性能指标的要求，有针对性地选择某一种类型的校正装置，再通过系统的分析和计算求出校正装置的参数，这种方法的设计结果必须经过验算，若不能满足全部性能指标，则需要重新调整参数，甚至重新选择校正装置的结构，直至校正后全部满足性能指标为止，因此分析法本质上是一种试探法。

分析法的优点是校正装置简单、容易实现，因此在工程上得到广泛应用。

2. 综合法

综合法又称期望特性法，其基本思路是根据性能指标的要求，构造出期望的系统特性，然后再根据原系统固有特性和期望特性去选择校正装置的特性及参数，使得系统校正后的特性与期望特性完全一致。

综合法思路清晰，操作简单，但所得到的校正装置数学模型可能较复杂，在实现中会遇到一些困难，然而它对校正装置的选择有很好的指导作用。

5.1.5　性能指标

自动控制系统的校正设计目的，通常体现在达到和满足对控制系统稳态和暂态响应的各项性能指标中，因此性能指标是校正系统的依据。

1. 稳态性能指标

稳态性能指标用稳态误差系数 K_p、K_v、K_a 表示，它们能够反映系统的控制精度。

2. 暂态性能指标

暂态性能指标有时域指标和频域指标之分。时域指标包括最大超调量 $\sigma\%$ 和调整时间 t_s；频域指标包括截止频率 ω_c、相位稳定裕量 γ 和幅值稳定裕量 K_g。

上述时域性能指标和频域性能指标从不同角度表示了系统的同一性能。如直接或间接地反映了系统动态响应的情况，直接或间接地反映了系统动态响应的振荡程度，因此它们之间必然存在内在联系，为了使性能指标能够适应不同的设计方法，往往需要在性能指标之间进行转换。

5.2 串联校正

串联校正是将校正装置串联在系统的前向通道中，从而来改变系统的结构，以达到改善系统性能的方法。如图 5-1 所示，其中 $G_c(s)$为串联校正装置的传递函数。

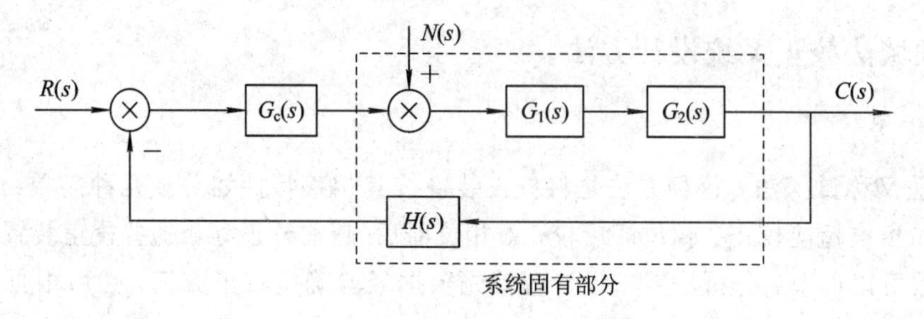

图 5-1　自动控制系统的串联校正

串联校正比较经济，易于实现，特别是由集成电路组成的有源校正装置，因其能比较灵活地获得各种传递函数，故应用比较广泛。串接不同形式的校正装置对系统性能的影响不同。

5.2.1　串联比例校正

比例校正也称 P 校正，其装置的传递函数为 $G_c(s)=K$，其伯德图如图 5-2 所示。装置可调参数为 K。

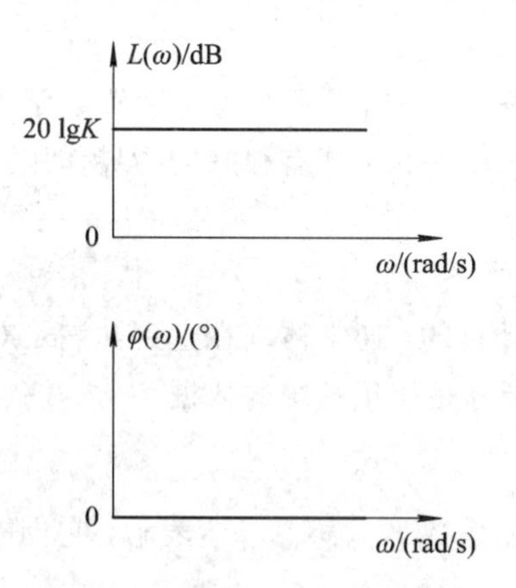

图 5-2　比例校正环节的伯德图

由系统的稳定性分析可知，系统开环增益的大小直接影响系统的稳定性，调节比例系数的大小，可在一定的范围内，改善系统的性能指标。通过校正，如果降低了整个系统的增益，将使系统的稳定性得到改善，超调量下降，振荡次数减少，但系统的快速性和稳态精度变差。反之，若增加了增益，将使校正后的系统比固有系统的快速性和稳态精度变好，但由于超调量增大，振荡次数增多，会使系统动态变化过程中的稳定性变差。

调节系统的增益，在系统的相对稳定性、快速性和稳态精度等几个性能之间作某种折中的选择，以满足(或兼顾)实际系统的要求，这是最常用的调整方法之一。

例 5-1　某系统的开环传递函数为

$$G_1(s)=\frac{35}{s(0.2s+1)(0.01s+1)}$$

今采用串联比例调节器对系统进行校正，试分析比例校正对系统性能的影响。其框图如图 5-3 所示。

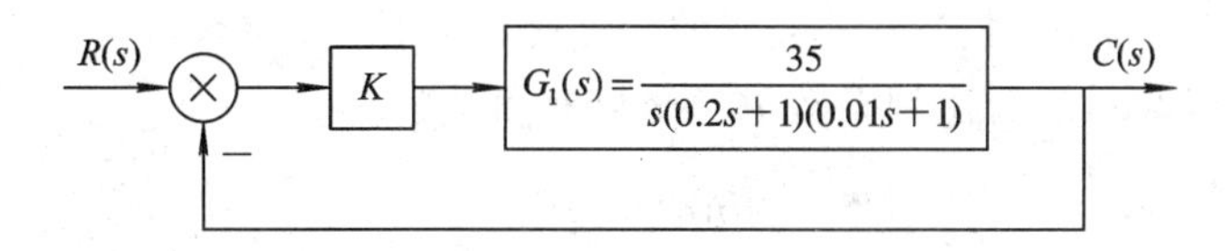

图 5-3　具有比例校正的系统框图

解　由以上参数可以画出系统的对数频率特性曲线，如图 5-4 中的曲线Ⅰ所示。

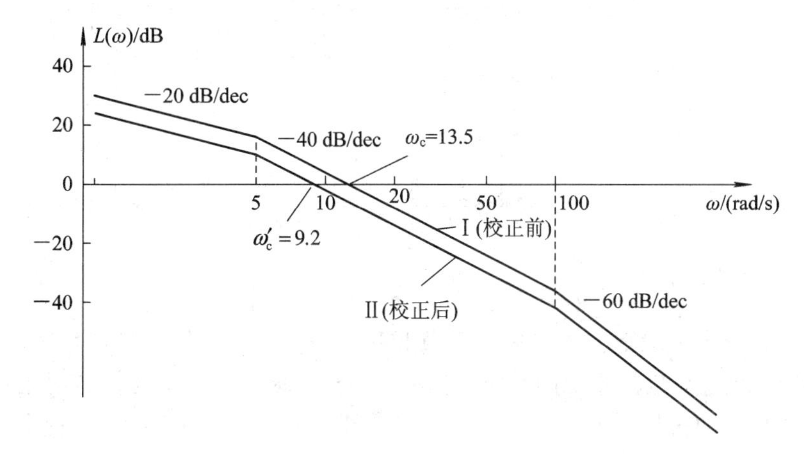

图 5-4　串联比例校正对系统性能的影响

图中

$$\omega_1=\frac{1}{T_1}=\frac{1}{0.2}=5\ \text{rad/s}$$

$$\omega_2=\frac{1}{T_2}=\frac{1}{0.01}=100\ \text{rad/s}$$

$$L(\omega)\big|_{\omega=1}=20\lg K=20\lg 35=31\ \text{dB}$$

由图解可求得

$$\omega_c=13.5\ \text{rad/s}$$

于是可求得系统相位裕量为

$$\begin{aligned}\gamma&=180^\circ-90^\circ-\arctan\omega_c T_1-\arctan\omega_c T_2\\&=180^\circ-90^\circ-\arctan 13.5\times0.2-\arctan 13.5\times0.01\\&=12.3^\circ\end{aligned}$$

如果采用比例校正，并使 $K_c=0.5$。这样系统的开环增益为

$$K=K_1K_c=35\times0.5=17.5$$

$$L(\omega)=20\lg 17.5=25\ \text{dB}$$

由校正后的曲线Ⅱ可见，此时 $\omega_c'=9.2$ rad/s，于是可得

$$\gamma'=180^\circ-90^\circ-\arctan 9.2\times0.2-\arctan 9.2\times0.01=23.3^\circ$$

由上面分析可见，降低增益，将使系统的稳定性得到改善，超调量下降，振荡次数减少，从而使截止频率 ω_c 降低，这意味着调整时间增加，系统快速性变差，同时系统的稳态精度也变差。实际中很少单独使用比例控制装置。

5.2.2 串联比例微分校正

比例微分校正也称 PD 校正，其装置的传递函数为 $G_c(s)=K(\tau_d s+1)$，其伯德图如图 5-5 所示。装置可调参数为比例系数 K、微分时间常数 τ_d。

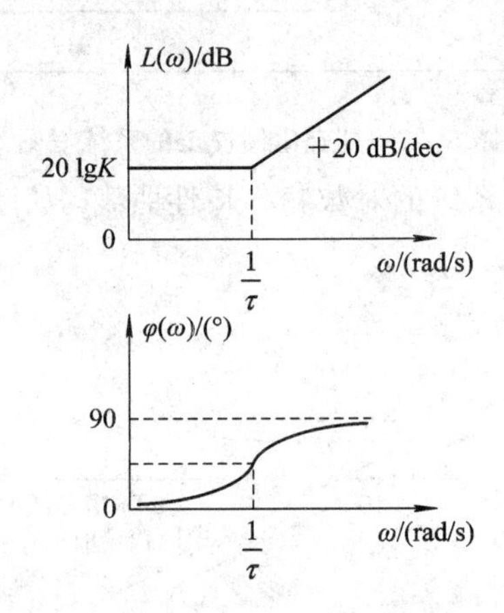

图 5-5　比例微分校正环节的伯德图

自动控制系统中一般都包含有惯性环节和积分环节，它们使信号产生时间上的滞后，使系统的快速性变差，也使系统的稳定性变差，甚至造成不稳定。当然有时也可以通过调节增益作某种折中的选择。但调节增益通常都会带来副作用，而且有时即使大幅度降低增益也不能使系统稳定(如含两个积分环节的系统)。这时若在系统的前向通道串联比例微分环节，可以使系统相位超前，以抵消惯性环节和积分环节使相位滞后而产生的不良后果。

比例微分校正将使系统的稳定性和快速性得到改善，但其对系统噪声非常敏感，因而会降低系统的抗干扰能力。

例 5-2　若系统的开环传递函数为

$$G_1(s)=\frac{35}{s(0.2s+1)(0.01s+1)}$$

今采用串联比例微分调节器对系统进行校正，试分析比例微分校正对系统性能的影响。其框图如图 5-6 所示。

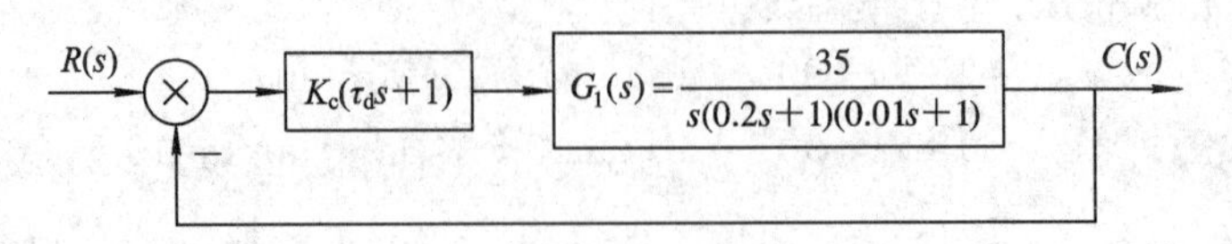

图 5-6　具有比例微分校正的系统框图

解　设校正装置的传递函数为 $G_c(s)=K_c(\tau_d s+1)$，为了更清楚地说明相位超前校正对系统性能的影响，取 $K_c=1$，微分时间常数取 $\tau_d=0.2$ s，则系统的开环传递函数变为

$$G(s)=G_c(s)G_1(s)=K_c(\tau_d s+1)\frac{35}{s(0.2s+1)(0.01s+1)}=\frac{35}{s(0.01s+1)}$$

由此可知，比例微分环节与系统固有部分的大惯性环节的作用抵消了。这样系统由原来的一个积分和两个惯性环节变成了一个积分和一个惯性环节。它们的对数频率特性曲线如图 5-7 所示。系统固有部分的对数幅频特性曲线如图 5-7 中的曲线Ⅰ所示，其中 $\omega_c=13.5$ rad/s，$\gamma=12.3°$(由例 1 知)。校正后系统的对数幅频特性如图 5-7 中Ⅱ所示。由图可见，此时的 $\omega_c'=35$ rad/s，其相位裕量为

$$\gamma'=180°-90°-\arctan 0.01\times 35=70.7°$$

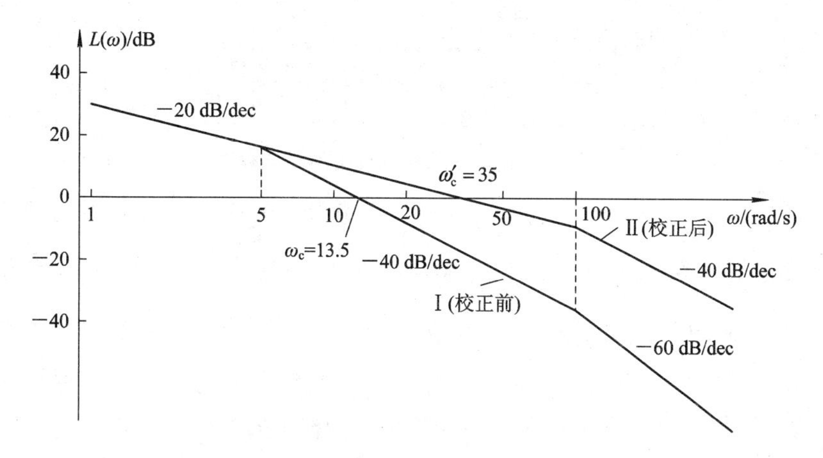

图 5-7　比例微分校正对系统性能的影响

比例微分环节起相位超前的作用，可以抵消惯性环节使相位滞后的不良影响，使系统的稳定性显著改善，从而使截止频率 ω_c 提高，改善了系统的快速性，使调整时间减少。但比例微分校正容易引入高频干扰。

5.2.3　串联比例积分校正

比例积分校正也称 PI 校正，其装置的传递函数为

$$G_c(s)=\frac{K(\tau_i s+1)}{\tau_i s}$$

其伯德图如图 5-8 所示。装置可调参数为比例系数 K、积分时间常数 τ_i。

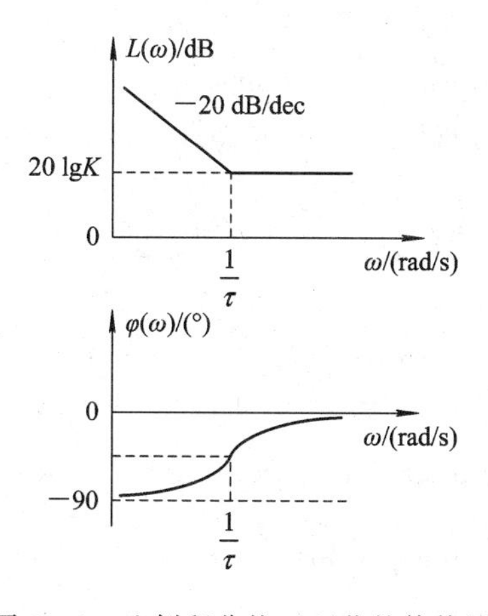

图 5-8　比例积分校正环节的伯德图

由于PI校正可使系统的相位$\varphi(\omega)$后移，因此又称它为相位滞后校正。

例5-3 若系统的开环传递函数为

$$G_1(s)=\frac{10}{(0.5s+1)(0.01s+1)}$$

今采用串联比例积分调节器对系统进行校正，试分析比例积分校正对系统性能的影响。其框图如图5-9所示。

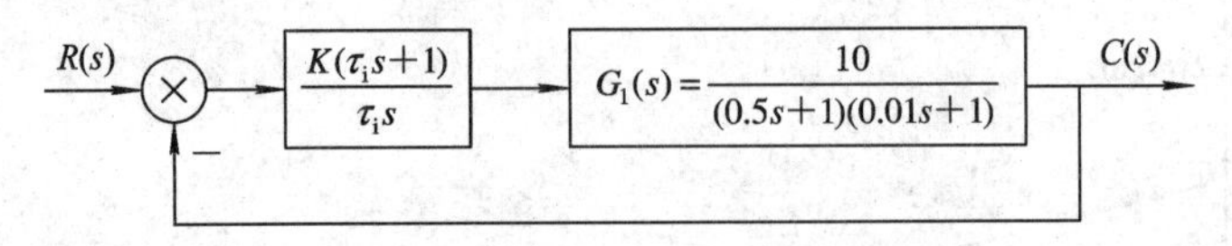

图5-9 具有比例积分校正的系统框图

解 由$G_1(s)=\dfrac{10}{(0.5s+1)(0.01s+1)}$可知，系统不含有积分环节，因此是有静差的系统。为实现无静差，在系统前向通道中串联比例积分调节器，其传递函数为$G_c(s)=\dfrac{K(\tau_i s+1)}{\tau_i s}$。为了使分析简明起见，取$\tau_i=T_1=0.5$ s，这样可使校正装置中的比例微分部分与系统固有部分的大惯性环节相抵消。同样为了简明起见，取$K=1$，可画出系统校正前的伯德图如图5-10中的曲线Ⅰ所示。由图可见，校正前，其截止频率$\omega_c=25$ rad/s。

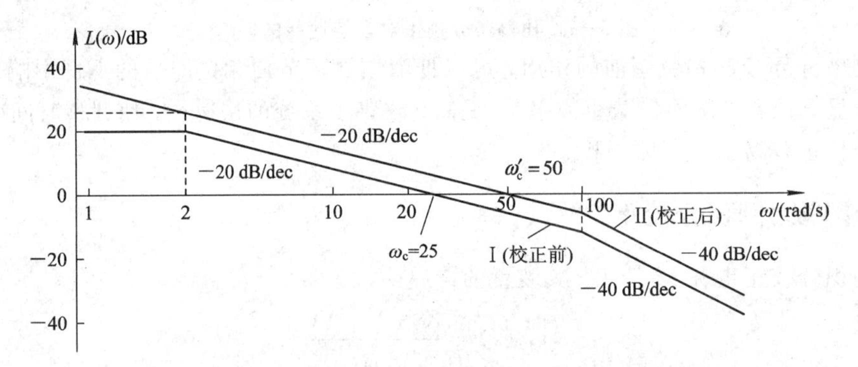

图5-10 比例积分校正对系统性能的影响

系统固有部分的相位裕量为

$$\begin{aligned}\gamma&=180^\circ-\arctan\omega_c T_1-\arctan\omega_c T_2\\&=180^\circ-\arctan25\times0.5-\arctan25\times0.01\\&=80.6^\circ\end{aligned}$$

图5-10中曲线Ⅱ为校正后的系统的伯德图。由图可见，此时系统已被校正成典型Ⅰ型系统。即

$$G(s)=G_c(s)G_1(s)=\frac{K(\tau_i s+1)}{\tau_i s}\,\frac{10}{(0.5s+1)(0.01s+1)}=\frac{K'}{s(T_2s+1)}$$

式中，$K'=\dfrac{10\cdot K}{\tau_i}$。此时的截止频率为$\omega_c'=50$ rad/s，其相位裕量为

$$\begin{aligned}\gamma'&=180^\circ-90^\circ-\arctan\omega_c'T_2\\&=180^\circ-90^\circ-\arctan50\times0.01\\&=63.4^\circ\end{aligned}$$

由图 5-10 可见，在低频段，$L(\omega)$的斜率由 0 dB/dec 变为－20 dB/dec，系统由 0 型变为Ⅰ型，从而实现了无静差。系统稳态误差显著减小，从而改善了系统的稳态性能。在中频段，由于积分环节的影响，系统的相位稳定裕量 γ 变为γ'。而 $\gamma'<\gamma$，相位裕量减小，系统的稳定性降低。在高频段，校正前后影响不大。

综上所述，比例积分校正将使系统的稳态性能得到明显改善，但使系统的稳定性变差。

5.2.4　串联比例积分微分校正

比例积分微分校正也称 PID 校正，其校正装置的传递函数为

$$G_c(s)=\frac{K(\tau_i s+1)(\tau_d s+1)}{\tau_i s}$$

其伯德图如图 5-11 所示。装置可调参数有比例系数 K、积分时间常数 τ_i 和微分时间常数 τ_d。

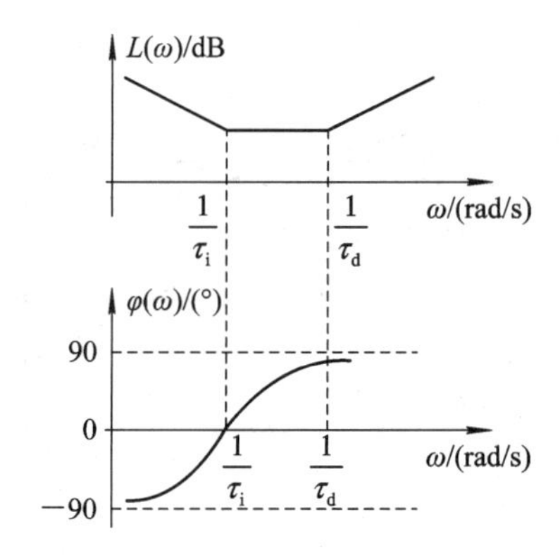

图 5-11　比例积分微分环节的伯德图

例 5-4　某自动控制系统的开环传递函数为

$$G_1(s)=\frac{20}{s(0.2s+1)(0.01s+1)}$$

今采用串联 PID 调节器对系统进行校正，试分析 PID 校正对系统性能的影响。

解　该系统的固有传递函数是一个Ⅰ型系统，它对阶跃信号是无差的，但对速度信号是有差的，若要求系统对速度信号也是无差的，则应将系统校正成为Ⅱ型系统。若采用 PI 调节器校正，则无差度可得到提高，但其稳定性变差，常用的方法是采用 PID 校正。

设 PID 调节器的传递函数为

$$G_c(s)=\frac{K(\tau_i s+1)(\tau_d s+1)}{\tau_i s}$$

则校正后系统的开环传递函数为

$$G(s)=G_c(s)G_1(s)=\frac{K(\tau_i s+1)(\tau_d s+1)}{\tau_i s}\times\frac{20}{s(0.2s+1)(0.01s+1)}$$

若取 $\tau_i=0.2$，为使校正后系统有足够的相位裕量，取中频段宽度为 $h=10$，则取 $\tau_d=0.1$，$K=2$，将参数代入后有

$$G(s)=\frac{200(0.1s+1)}{s^2(0.01s+1)}$$

系统固有部分的伯德图如图 5-12 中曲线Ⅰ所示，由图可知 $\omega_c=10$ rad/s。此时系统的相位裕量为

$$\begin{aligned}\gamma&=180°-90°\text{arctan}10\times0.2-\text{arctan}10\times0.01\\&=20.9°\end{aligned}$$

由上式可知，此系统相位裕量相对较小，稳定性不是很好。采用了 PID 校正后系统的伯德图为图 5-12 中曲线Ⅱ所示，由图可见，校正后的 $\omega_c'=20$ rad/s，其相位裕量为

$$\begin{aligned}\gamma'&=180°-180°+\text{arctan}20\times0.1-\text{arctan}20\times0.01\\&=52.12°\end{aligned}$$

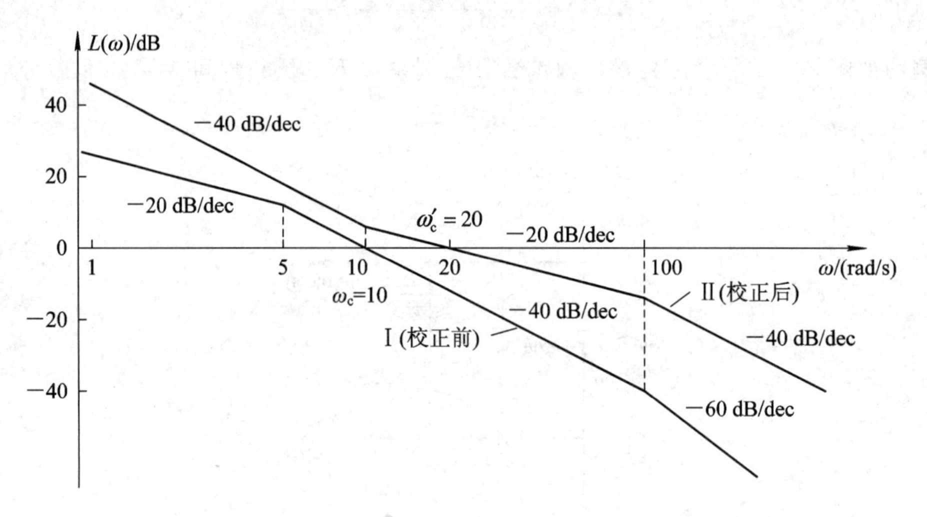

图 5-12　比例积分微分校正对系统性能的影响

由校正后的伯德图可见：

(1) 在低频段，由于 PID 调节器积分部分的作用，$L(\omega)$的斜率增加了-20 dB/dec，系统增加了一阶无静差度，从而显著地改善了系统的稳态性能。

(2) 在中频段，由于 PID 调节器微分部分的作用，使系统的相位裕量增加，这就意味着超调量减小，振荡次数减少，从而改善了系统的动态性能。

(3) 在高频段，由于 PID 调节器微分部分起作用，使高频段增益有所增大，会降低系统的抗干扰能力。但这可通过选择适当的 PID 调节器来解决，使 PID 调节器在高频段的斜率为 0 dB/dec，便可避免这个缺点。

PID 控制器各部分的参数选择，在系统现场调试中最后确定。积分部分在低频段起主要作用，以提高系统的稳态性能；微分部分在高频段起主要作用，以改善系统的动态性能。

5.3　反馈校正

在自动控制系统中，为了改善系统的性能，除了采用串联校正外，反馈校正也是常采用的校正形式之一。它在系统中的形式如图 5-13 所示。

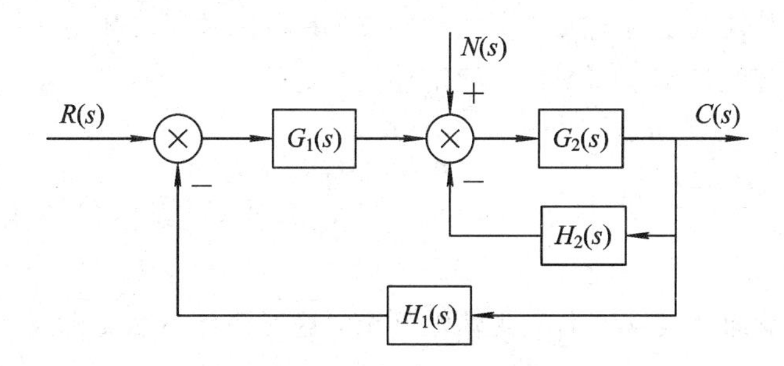

图5-13　反馈校正结构图

在反馈校正方式中，反馈校正装置 $H_2(s)$ 包围了系统的部分环节，它同样可以改变系统的结构、参数和性能，使系统的性能达到所要求的性能指标。

通常反馈校正又可分为硬反馈校正和软反馈校正。硬反馈校正装置的主体是比例环节，它在系统的动态和稳态过程中都起反馈作用。软反馈校正装置的主体是微分环节，它的特点是只在动态过程中起校正作用，而在稳态时，如同开路，不起作用。

反馈校正的主要作用是：

(1) 负反馈可以扩展系统的频带宽度，加快响应速度。

(2) 负反馈可以及时抑制被包围在反馈环内的环节由于参数变化、非线性因素或各种干扰等对系统性能造成的不利影响。

(3) 负反馈可以消除系统不可变部分中不希望的特性，使该局部反馈回路的特性取决于校正装置。

(4) 局部正反馈可以提高系统的放大系数。

采用反馈校正时，信号从高能量级向低能量级传递，一般不必再进行放大，可以采用无源校正装置实现。

例5-5　对图5-14(a)、(b)加上比例环节进行反馈校正。

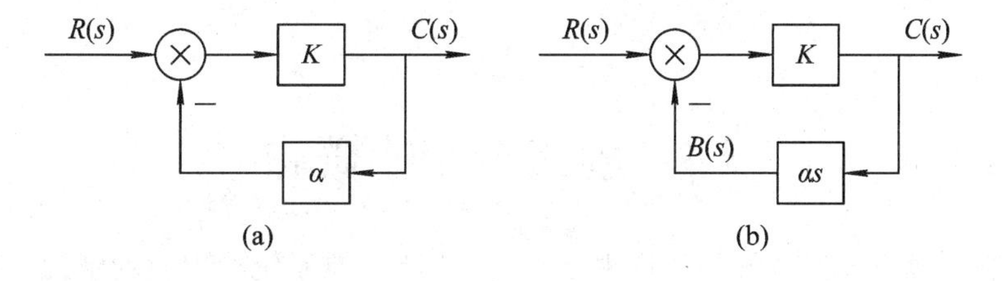

图5-14　对比例环节进行反馈校正

解　(1) 如图5-14(a)所示，校正前 $G(s)=K$；加上硬反馈校正后 $G'(s)=\dfrac{K}{1+\alpha K}$。此式表明，比例环节加上硬反馈后仍为一个比例环节，但其增益为原先的 $\dfrac{1}{1+\alpha K}$。对于那些因增益过大而影响系统性能的环节，采用硬反馈校正是一种有效的方法。反馈还可抑制反馈回路扰动量对系统输出的影响。

(2) 如图5-14(b)所示，校正前 $G(s)=K$；加上软反馈校正后 $G'(s)=\dfrac{K}{\alpha Ks+1}$。此式

表明，比例环节加上软反馈后变成一个惯性环节，其惯性时间常数为 $T=\alpha K$。校正后的稳态增益为 K，但动态性能却变得平缓，稳定性提高。

例 5-6 对积分环节进行反馈校正。

解 (1) 如图 5-15(a)所示，校正前 $G(s)=\dfrac{K}{s}$；加上硬反馈校正后 $G'(s)=\dfrac{1/\alpha}{\dfrac{1}{\alpha K}s+1}$。此式表明，积分环节加上硬反馈后变为惯性环节，这对系统的稳定性有利，但系统的稳态性能变差。

(2) 如图 5-15(b)所示，校正前 $G(s)=\dfrac{K}{s}$；加上软反馈校正后 $G'(s)=\dfrac{K/(1+\alpha K)}{s}$。此式表明，积分环节加上软反馈后仍为积分环节，但其增益为原来的 $\dfrac{1}{1+\alpha K}$。

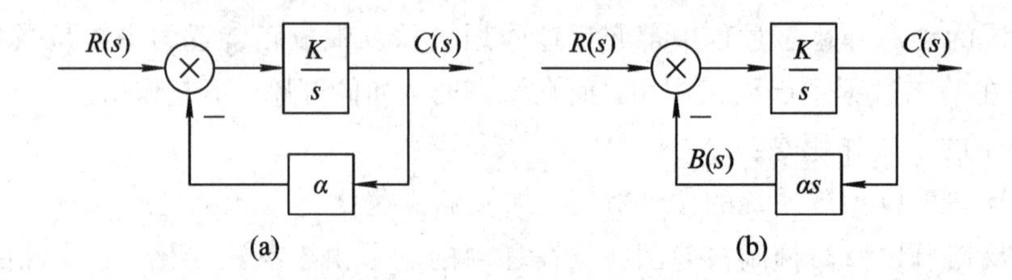

图 5-15 对积分环节进行反馈校正

在图 5-13 中，局部反馈回路的传递函数为

$$G_2'(s)=\frac{G_2(s)}{1+G_2(s)H_2(s)}$$

也可写成

$$G_2'(s)=\frac{G_2(s)H_2(s)}{1+G_2(s)H_2(s)}\cdot\frac{1}{H_2(s)}$$

5.4 前馈控制的概念

前馈控制一般不改变系统的特征根分布，是在不影响系统稳定性的情况下提高系统精度的一种控制策略。前馈控制是指通过观察情况、收集整理信息、掌握规律、预测趋势，正确预计未来可能出现的问题，提前采取措施，将可能发生的偏差消除在萌芽状态中，为避免在未来不同发展阶段可能出现的问题而事先采取的措施。

基于给定的前馈补偿，是为了提高控制系统的响应速度，将系统给定经过一个前馈通道，叠加到系统的控制量上；基于扰动的前馈补偿，就是以某种扰动作为前馈控制通路的给定，再将计算得到的补偿值叠加到系统给定中去。

1. 输入顺馈补偿

输入顺馈补偿可采用如图 5-16 所示的复合控制方式实现。

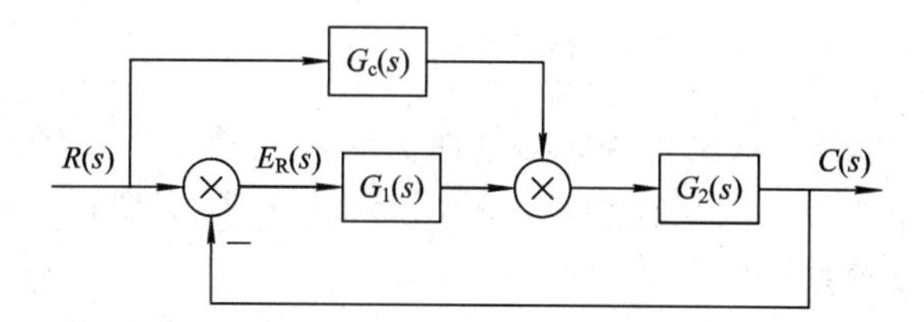

图 5-16　输入顺馈补偿控制系统结构图

系统的闭环传递函数为

$$G(s)=\frac{C(s)}{R(s)}=\frac{[G_1(s)+G_c(s)]G_2(s)}{1+G_1(s)G_2(s)}$$

系统的误差传递函数为

$$G_{ER}(s)=\frac{E_R(s)}{R(s)}=\frac{R(s)-C(s)}{R(s)}=\frac{1-G_c(s)G_2(s)}{1+G_1(s)G_2(s)}$$

则系统由输入信号引起的误差为

$$E_R(s)=\frac{1-G_c(s)G_2(s)}{1+G_1(s)G_2(s)}R(s)$$

如果补偿器的传递函数为

$$G_c(s)=\frac{1}{G_2(s)}$$

则

$$E_R(s)=0$$

这时系统的误差为零，输出量完全复现输入量。这种将误差完全补偿的方式称为全补偿。$G_c(s)=1/G_2(s)$是对输入量实现全补偿的条件。

2. 扰动顺馈补偿

当作用于系统的扰动量可以直接或间接测量时，可通过如图 5-17 所示的扰动补偿复合控制进行补偿。

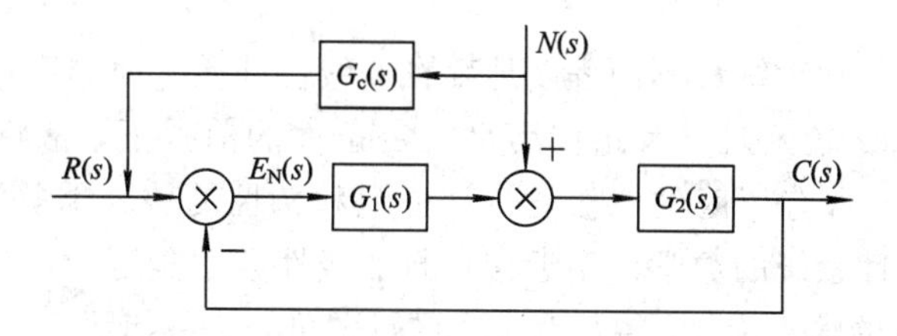

图 5-17　扰动顺馈补偿控制系统结构图

系统由扰动引起的误差为

$$E_N(s)=-\frac{G_2(s)}{1+G_1(s)G_2(s)}N(s)-\frac{G_c(s)G_1(s)G_2(s)}{1+G_1(s)G_2(s)}N(s)$$

$$=-[1+G_c(s)G_1(s)]\frac{G_2(s)}{1+G_1(s)G_2(s)}N(s)$$

当取 $1+G_c(s)G_1(s)=0$ 时，即

$$G_c(s)=-\frac{1}{G_1(s)}$$

可使系统的 $E_N(s)=0$。这就是说，因扰动量而引起的扰动误差已经全部被前馈环节补偿了，此称为全补偿。当然要实现全补偿是比较困难的，但可实现近似的全补偿，从而大幅度地减小扰动误差，改善系统的性能。

5.5 自动控制系统的一般设计方法

5.5.1 自动控制系统设计的基本步骤

自动控制系统设计的基本步骤如下：

(1) 从调查研究、分析设计任务开始，根据系统提出的动态、静态性能指标，以及经济性、可靠性等要求，确定初步设计方案，选择元部件，拟定整个系统的原理电路图。

(2) 根据自动控制系统的结构、各单元的相互关系和参数，确定系统的固有数学模型。

(3) 对系统固有部分进行相应的线性化处理和化简，并在此基础上求得系统固有部分的开环频率特性。

(4) 根据使用要求确定系统的性能指标，再根据系统的性能指标确定系统的预期开环频率特性。所谓预期开环频率特性就是满足系统性能指标的典型系统的开环对数频率特性。

(5) 工程上为了便于设计，通常以系统固有部分的开环频率特性为基础，将系统校正成为典型系统。即将系统预期的开环频率特性与固有部分的开环频率特性进行比较，得到校正装置的开环频率特性，并以此确定校正装置的结构和参数。这种校正方法称为预期频率特性校正法。

(6) 通过实验或调试对系统的某些参数进行修正，使系统全面达到性能指标的要求。

5.5.2 系统固有部分频率特性的简化处理

1. 线性化处理

实际上，所有元件和系统都不同程度地存在非线性性质。而非线性元件和系统的数学模型的建立和求解都比较困难，因此在满足一定条件的前提下，常将非线性元件和系统(如晶闸管整流装置、含有死区的二极管、具有饱和特性的放大器等)近似处理成线性环节。所以，可以用线性系统的数学模型近似代替非线性数学模型。

设一非线性元件的输入为 x，输出为 y，它们之间的关系如图 5-18 所示。

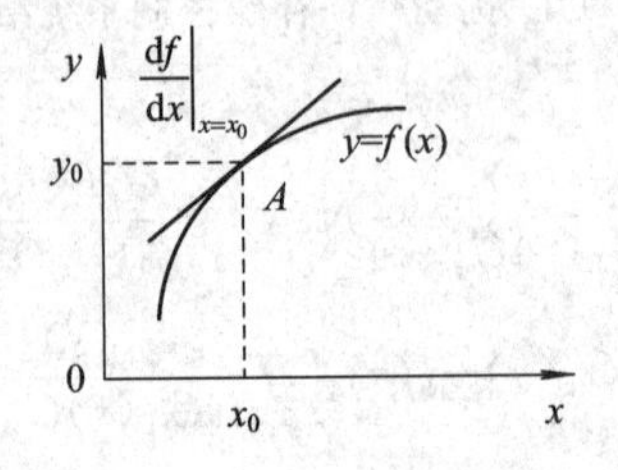

图 5-18 小偏差线性化示意图

其非线性方程为

$$y=f(x)$$

在给定工作点(x_0，y_0)附近，将上式按泰勒级数展开为

$$y=f(x_0)+\left.\frac{\mathrm{d}f}{\mathrm{d}x}\right|_{x=x_0}\Delta x+\frac{1}{2!}\left.\frac{\mathrm{d}^2f}{\mathrm{d}x}\right|_{x=x_0}(\Delta x)^2+\cdots$$

若在工作点(x_0,y_0)附近，增量 Δx 很小，则可略去上式中$(\Delta x)^2$ 项及其后面的高阶项，因此上式可近似写成

$$y=f(x_0)+\left.\frac{\mathrm{d}f}{\mathrm{d}x}\right|_{x=x_0}\Delta x$$

所以

$$\Delta y=K\Delta x$$

式中

$$\Delta y=y-f(x_0),\quad K=\left.\frac{\mathrm{d}f}{\mathrm{d}x}\right|_{x=x_0}$$

略去增量符号 Δ，便可得到函数 $y=f(x)$在工作点 A 附近的线性化方程为

$$y=Kx$$

这就是非线性元件的线性化方程。

2. 将低频段大惯性环节近似为积分环节

若被控制对象的开环传递函数为

$$G_0(s)=\frac{K}{(\tau_1s+1)(\tau_2s+1)}$$

式中，$\tau_1\gg\tau_2$。

当$\frac{1}{\tau_1}\ll\omega_c$时，可以把惯性环节$\frac{1}{\tau_1s+1}$近似为积分。将低频段大惯性环节近似为积分环节后，实际系统的阻尼性能比近似处理后的阻尼性能好。系统结构近似处理后，虽然从传递函数的形式上，系统类型人为地由 0 型系统变为了 Ⅰ 型系统，但实际系统仍然为 0 型系统。考虑到工程计算允许误差一般在 10%以内，因此只要满足 $\omega_c\geqslant3/\tau_1$ 时，就可以把惯性环节近似为积分环节。近似后实际系统的 γ 上升，将导致 t_s 增加。若要保持 γ 不变，则可进行适当调整。

3. 将小惯性群等效成一个惯性环节

设被控制对象的开环传递函数为

$$G_0(s)=\frac{K}{(\tau_1s+1)(\tau_2s+1)(\tau_3s+1)}$$

式中，$\tau_1\gg\tau_2$，$\tau_2\gg\tau_3$。

当$\frac{1}{\tau_2}$、$\frac{1}{\tau_3}\ll\omega_c$时，可以把小惯性环节$\frac{1}{\tau_2s+1}$、$\frac{1}{\tau_3s+1}$等效为时间常数为 $\tau_\Sigma=\tau_2+\tau_3$ 的惯性环节，即

$$G_0(s)=\frac{K}{(\tau_1s+1)(\tau_\Sigma s+1)}$$

4. 略去小惯性环节

当小惯性环节的时间常数远小于大惯性环节的时间常数时，可将小惯性环节略去。

当 $\tau_1 \ll \tau_2$ 时，有

$$G_0(s)=\frac{K}{(\tau_1 s+1)(\tau_2 s+1)}\approx\frac{K}{(\tau_2 s+1)}$$

实际上，只要 $\tau_1 \ll \frac{1}{10}\tau_2$，上述近似所产生的误差就可以忽略不计。

5. 高频段小时间常数的振荡环节近似成惯性环节

当 $\omega_c \ll \frac{1}{3\tau_2}$ 时，有

$$G_0(s)=\frac{K}{(\tau_1 s+1)(\tau_2^2 s^2+2\xi\tau_2 s+1)}\approx\frac{K}{(\tau_1 s+1)(2\xi\tau_2 s+1)}$$

5.5.3 系统预期开环对数频率特性的确定

1. 建立预期特性的一般原则

系统的预期频率特性一般可分为低频段、中频段和高频段三个频段，如图 5-19 所示。

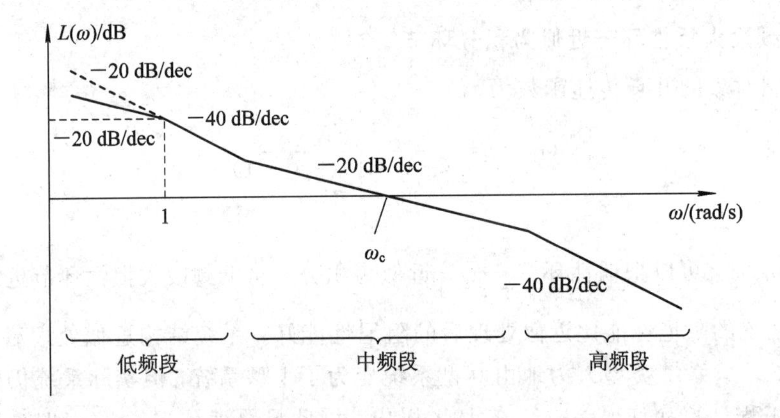

图 5-19 自动控制系统的对数频率特性

(1) 低频段：指第一个转折频率以前的区段。由系统的型别和开环增益所确定，表明了系统的稳态性能。低频段要有一定的斜率和高度，以保证系统的稳态精度。一般取斜率为−20 dB/dec 或−40 dB/dec。

(2) 中频段：指截止频率 ω_c 附近的区域。中频段的截止频率 ω_c 应适当地大一些，以提高系统的响应速度。中频段的斜率一般以−20 dB/dec 为宜，并要有一定的宽度，以保证系统有足够的相位裕量，使系统具有较高的稳定性。

(3) 高频段：指中频段以后的区段。高频段的斜率一般取为−60 dB/dec 或−40 dB/dec，以使高频信号受到抑制，提高系统的抗干扰能力。

2. 工程上确定预期频率特性的方法

1) 典型Ⅰ型系统

典型Ⅰ型系统的开环传递函数为

$$G(s)=\frac{K}{s(Ts+1)}=\frac{\omega_n^2}{s(s+2\xi\omega_n)}$$

式中，$\omega_n=\sqrt{\frac{K}{T}}$，$2\xi\omega_n=\frac{1}{T}$，$T$ 一般为固有参数。需要选定的参数仅有一个 K。

为了保证对数频率特性曲线以 -20 dB/dec 的斜率穿过零分贝线，必须使 $\omega_c<\frac{1}{T}$，即应有 $KT<1$。

典型Ⅰ型系统的结构比较简单，选择时，若系统要求动态响应速度快，则可取 $\xi=0.5\sim0.6$；若要求兼顾超调量和快速性，则可取 $\xi=0.707$。有时称这样的取值为“二阶最佳”。

2）典型Ⅱ型系统

典型Ⅱ型系统的开环传递函数为

$$G(s)=\frac{K(T_1s+1)}{s^2(T_2s+1)}$$

式中，T_2一般为固有参数。需要选定的参数有 K 和 T_1 两个，通常将这两个参变量（K 和 T_1）转化成另一个参变量即中频带宽度 h 的函数，然后再分析 h 对系统性能的影响，并由此选择较合适的参数，最后由 h 确定 K 和 T_1。通常采用的原则是：

（1）“$\gamma=\gamma_{max}$”的准则，即使系统的开环频率特性的相位裕量为最大值。

（2）“$M_r=M_{rmin}$”的准则，即使系统的闭环频率特性的谐振峰值取最小值。

本章小结

（1）对已有的控制系统通过增加装置、元件或调整元件参数等方法进行校正，可以改善系统的动、静态性能，使系统满足要求的性能指标。

（2）根据校正装置在系统中的位置不同，有串联校正、反馈校正和顺馈补偿校正三种形式。其中串联校正可分为相位超前校正、相位滞后校正和相位滞后-超前校正；反馈校正可分为软反馈校正和硬反馈校正；顺馈补偿校正可分为输入顺馈补偿校正和扰动补偿校正。

（3）无源校正装置线路简单，组合方便，无需外供电源，但本身没有增益；有源校正装置本身有增益，且输入阻抗高，输出阻抗低，线路较复杂，需另外供给电源。

（4）通过比例校正降低系统的增益，将使系统的稳定性改善，超调量下降，振荡次数减少，但快速性和稳态精度变差。

（5）比例微分校正将使系统的稳定性和快速性得到改善，但同时会降低系统的抗干扰能力。

（6）比例积分校正将使系统的稳态性能得到明显改善，但使系统的稳定性变差。

（7）PID 校正中，积分部分在低频段起主要作用，以提高系统的稳态性能；微分部分在高频段起主要作用，以改善系统的动态性能。

（8）反馈校正的主要作用是：负反馈可以扩展系统的频带宽度，加快响应速度；负反馈可以及时抑制被包围在反馈环内的环节由于参数变化、非线性因素或各种干扰等对系统性能造成的不利影响；负反馈可以消除系统不可变部分中不希望的特性，使该局部反馈回路的特性取决于校正装置；局部正反馈可以提高系统的放大系数。

(9) 前馈控制是指通过正确预计未来可能出现的问题，提前采取措施，为避免在未来不同发展阶段可能出现的问题而事先采取的措施，是一种在不影响系统稳定性的情况下提高系统精度的控制策略。

(10) 预期开环频率特性就是满足系统技术指标的典型系统的开环频率特性，工程上为了便于设计，通常采用预期开环频率特性校正法。

习　题　5

5-1　试说明超前校正装置及滞后校正装置的频率特性，它们各有什么特点？

5-2　系统中局部反馈对系统产生的主要影响有哪些？

5-3　什么是系统的固有频率特性？什么是系统的预期频率特性？

5-4　试说明什么是相位超前校正、相位滞后校正和相位滞后-超前校正，并说明它们对系统性能的影响。

5-5　某控制系统的方框图如图 5-20 所示。要使系统具有临界阻尼，即阻尼系数 $\xi=1$，试确定反馈校正参数 K_t。

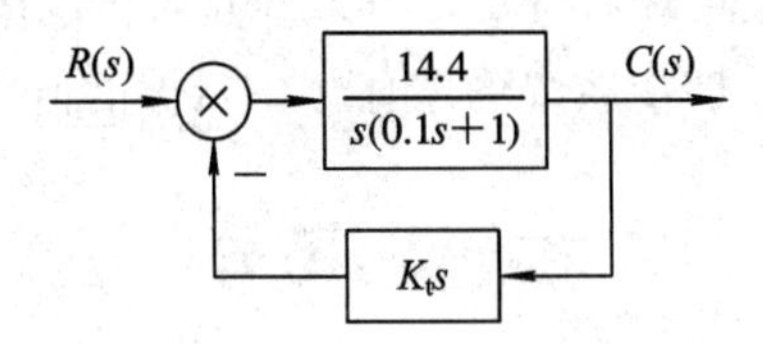

图 5-20　题 5-5 图

第 6 章　直流调速系统

晶闸管直流调速系统是以直流电动机为被控对象，以控制电动机转速为目的的控制系统，该控制系统在机械、冶金、纺织、印刷、造纸等行业获得了广泛的应用，如轧钢、矿井升降、挖掘钻探、金属切削、电梯等设备上都有应用，该系统具有调速范围大、精度高、动态性好、效率高、易控制的优点。本章主要介绍转速单闭环负反馈直流调速系统和电流、转速双闭环直流调速系统的组成结构、控制原理和性能分析。

6.1　单闭环直流调速系统

6.1.1　直流调速系统的基本概念

由直流电动机的转速方程式

$$n=\frac{U-IR}{C_e\Phi}$$

可知，调节直流电动机转速有三种方法：一是改变电枢供电电压 U 调速，即在额定转速以下改变电枢电压调速；二是改变励磁磁通 Φ 调速，即在额定状态下减小磁通，电动机升速；三是改变电枢回路电阻 R 调速，即在电枢回路串接不同值的电阻，获得不同的电动机转速。

6.1.2　直流调速系统的主要性能指标

所有的可控生产设备，其生产工艺对控制性能都有一定的要求。例如，在机械加工工业中，精密机床要求的加工精度达百分之几毫米；重型铣床的进给机构需要在很宽的范围内调速，其最高进给速度可达 600 mm/min，而精加工时最低进给速度只有 2 mm/min。又如，巨型轧钢设备，需要轧钢机的轧辊在不到一秒的时间内就得完成从正转到反转的全部过程，而且操作频繁；轧制板材的轧钢机的定位系统，其定位精度要求不大于 0.01 mm。再如，高速造纸机，抄纸速度可达到 1000 m/min，要求稳速误差小于±0.01%。这些例子说明直流调速系统的生产设备对直流电动机在稳定性、调速的快速性和准确性方面都提出了具体的较严格的要求。

1. 稳态性能指标

直流调速系统的稳态性能指标有调速范围和静差率。调速范围是指电动机在额定负载下，运行的最高转速 n_{max} 与最低转速 n_{min} 之比，用 D 表示，即

$$D=\frac{n_{max}}{n_{min}}$$

对于调压调速系统来说，电动机的最高转速 n_{max} 即为其额定转速 n_{ed}。D 值越大，系统的调速范围越宽。对于少数负载很轻的机械，例如精密磨床，也可以用实际负载时的转速

来定义调速范围。调速范围又称做调速比。根据这个指标，电力拖动系统可分为：调速范围小的系统，一般指 $D<3$；调速范围中等的系统，一般指 $3\leqslant D<50$；调速范围宽的系统，一般指 $D\geqslant 50$。现代电力拖动控制系统的调速范围可以做到 $D\geqslant 10000$。

静差率是指当系统在某一转速下运行时，负载由理想空载增加到额定负载所引起的转速降落 Δn_{ed} 与理想空载转速 n_0 之比，用 s 表示，即

$$s=\frac{\Delta n_{ed}}{n_0}=\frac{n_0-n_{ed}}{n_0}$$

或用百分数表示为

$$s=\frac{\Delta n_{ed}}{n_0}\times 100\%$$

由上式可知，静差率是用来表示负载转矩变化时电动机转速变化程度的，它和机械特性的硬度有关，特性越硬，静差率越小，转速的变化程度越小，稳定度越高。

一般所说静差率的要求是指系统最低速时能达到的静差率指标。所规定的调速范围，是指在最低速时满足静差率要求下所能达到的最大范围。

调速范围和静差率两项指标是相互联系的，例如额定负载时的转速降落 $\Delta n_{ed}=50$ r/min，当 $n_0=1000$ r/min 时，转速降落占 5%；当 $n_0=500$ r/min 时，转速降落占 10%；当 $n_0=50$ r/min 时，转速降落占 100%，电动机就停止转动了。

2. 动态性能指标

电力拖动控制系统在动态过程中的性能指标称做动态性能指标。动态性能指标分跟随性能指标和抗扰性能指标。其中跟随性能指标具体包括上升时间 t_r、超调量 $\sigma\%$、调整时间 t_s 等，抗扰性能指标具体包括动态速降 Δn_{max}、恢复时间 t_v 等。

如图 6-1 所示，最大动态降落是指系统稳定运行时，突加一定数值的阶跃扰动(例如额定负载扰动)后引起的输出量的最大降落 ΔC_{max}。最大动态降落常用百分数表示，即

$$\Delta C_{max}=\frac{C_{max}-C_{\infty}}{C_{\infty}}\times 100\%$$

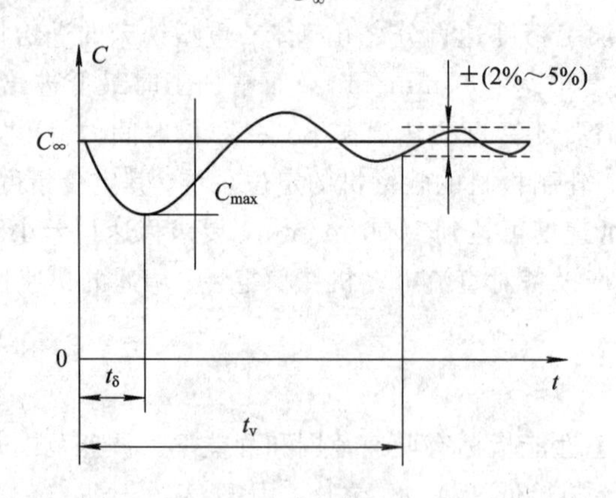

图 6-1　系统抗扰动态过程示意图

调速系统突加负载扰动时的动态降落称为动态速降，用 Δn_{max} 表示。恢复时间 t_v 表示从阶跃扰动作用开始，到输出量恢复到原稳态值的 ±5%(或 ±2%)范围之内所需的时间，定义为恢复时间，用 t_v 表示。

一般来说，对于调速系统，其动态性能指标以抗扰性能为主，跟随性能为次。

6.1.3　转速单闭环直流调速系统的组成结构和控制原理

1. 组成结构

如图 6 - 2 所示为转速负反馈调速系统的原理框图。该系统的控制对象是他励直流电动机 M，被控量是电动机的转速 n，晶闸管触发电路和整流电路是功率放大和执行环节，由运算放大器构成的比例调节器为电压放大和电压比较环节，电位器 RP_1 为给定元件，测速发电机 TG 与电位器 RP_2 为速度检测环节。

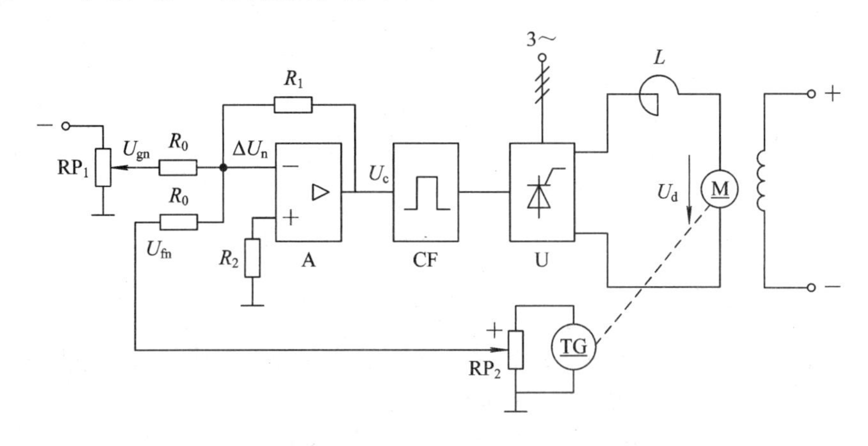

图 6 - 2　转速负反馈调速系统原理框图

2. 控制原理

通过检测环节(测速发电机 TG 和电位器 RP_2)实时检测电动机转速，并转换成与转速成正比的负反馈电压 U_{fn}，与转速给定电压 U_{gn} 比较后，得到偏差电压 ΔU_n，经放大器放大后产生触发器 CF 的控制电压 U_c，用以控制电动机的转速。根据反馈控制理论，闭环反馈控制系统是按被控量的偏差进行控制的系统，只要被控量出现偏差，它就会自动调节以减小这一偏差。具体的调节过程是：负载加重导致电动机转速瞬间下降，反馈电压也按比例减小，而给定电压不变，这样偏差电压 ΔU_n 增大，放大器的输出即控制电压 U_c 也增大，晶闸管整流电路的导通时间增加，使得整流输出后加在电动机电枢回路上的电压 U_d 增大，电枢电流 I_d 和电磁转矩 T_e 都得以加强，从而使电动机转速回升，如图 6 - 3 所示。负载减小时，单闭环控制系统自动调节转速的过程正好相反，如图 6 - 4 所示。

$$T_L\uparrow \rightarrow n\downarrow \rightarrow U_{fn}\downarrow \rightarrow \Delta U\uparrow \rightarrow U_c\uparrow \rightarrow U_d\uparrow \rightarrow I_d\uparrow \longrightarrow T_e\uparrow$$

图 6 - 3　负载增大时的调速过程

$$T_L\downarrow \rightarrow n\uparrow \rightarrow U_{fn}\uparrow \rightarrow \Delta U\downarrow \rightarrow U_c\downarrow \rightarrow U_d\downarrow \rightarrow I_d\downarrow \longrightarrow T_e\downarrow$$

图 6 - 4　负载减小时的调速过程

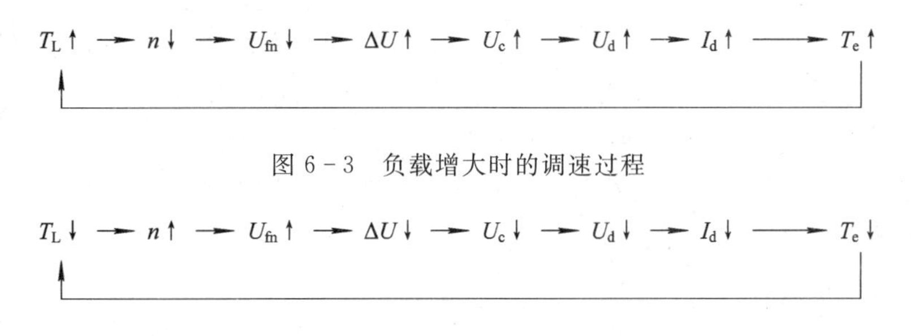

6.1.4 转速单闭环直流调速系统的性能分析

1. 静态指标

为了定性分析系统的静态指标，需首先确定各环节的稳态输入输出关系。系统中各环节的稳态输入输出关系如下。

电压比较环节：

$$\Delta U_n = U_{gn} - U_{fn}$$

运算放大器：

$$U_c = K_p \cdot \Delta U_n$$

晶闸管整流器及触发装置：

$$U_{d0} = K_s \cdot U_c$$

$U-M$ 系统的开环机械特性：

$$n = \frac{U_{d0} - I_d R}{C_e}$$

转速检测环节：

$$U_{fn} = \alpha \cdot n$$

以上各式中，K_p 为放大器的电压放大系数；K_s 为晶闸管整流器及触发装置的电压放大系数；α 为转速反馈系数，单位为 V · min/r。

根据以上各环节的稳态输入输出关系，可画出转速负反馈单闭环调速系统的稳态框图，如图 6-5 所示。

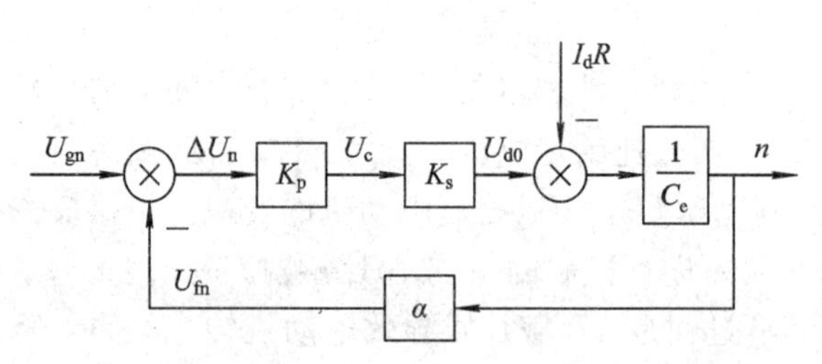

图 6-5　转速负反馈单闭环调速系统的稳态框图

化简结构图，可得到系统的静特性方程式为

$$n = \frac{K_p K_s U_{fn}}{C_e(1+K)} - \frac{I_d R}{C_e(1+K)} = n_{0b} - \Delta n_b$$

式中，$K = K_p K_s \alpha / C_e$，为闭环系统的开环放大系数，它是系统中各个环节单独放大系数的乘积；n_{0b}为闭环系统的理想空载转速；Δn_b 为闭环系统的稳态速降。

无论系统增益取值多大，系统总是存在静差，若对系统的稳态性能有较高要求，则需要采用比例积分调节器(PI)来进行校正，通过调节积分时间常数 T 和增益 K 的大小，改善系统的稳态性能和动态性能。

2. 静特性的优点

如果将闭环系统的反馈回路断开，即令 $\alpha=0$，则 $K=0$，系统就变成了开环系统，其机械特性方程式为

$$n=\frac{K_pK_sU_{gn}}{C_e}-\frac{I_dR}{C_e}=n_{0k}-\Delta n_k$$

式中，n_{0k}和 Δn_k 分别表示开环系统的理想空载转速和稳态速降。

闭环系统的静特性与开环系统的机械特性相比，有如下优点：

(1) 闭环系统的静特性比开环系统的静特性硬得多。

在同样的负载下，两者的稳态速降分别为

$$\Delta n_b=\frac{I_dR}{C_e(1+K)},\quad \Delta n_k=\frac{I_dR}{C_e}$$

它们的关系是 $\Delta n_b=\frac{\Delta n_k}{1+K}$，显然，当 K 值较大时，Δn_b 比 Δn_k 小得多，也就是说，在相同负载电流条件下，闭环系统的静态速降 Δn_b 仅为开环系统静态速降 Δn_k 的 $1/(1+K)$倍。

(2) 闭环系统的静差率比开环系统的静差率小得多。

闭环系统和开环系统的静差率分别为

$$s_b=\frac{\Delta n_b}{n_{0b}},\quad s_k=\frac{\Delta n_k}{n_{0k}}$$

当 $n_{0b}=n_{0k}$时，则有

$$s_b=\frac{s_k}{1+K}$$

可见，闭环系统的静差率 s_b 仅为开环系统静差率 s_k 的 1/(1+K)倍，系统闭环后静差率可显著减小。

(3) 当要求的静差率一定时，闭环系统的调速范围可以大大提高。

如果电动机的最高转速都是 n_{ed}，且对最低转速静差率的要求相同，则有

开环系统：

$$D_k=\frac{s\cdot n_{ed}}{\Delta n_k(1-s)}$$

闭环系统：

$$D_b=\frac{s\cdot n_{ed}}{\Delta n_b(1-s)}$$

所以得出

$$D_b=(1+K)D_k$$

即闭环系统的调速范围 D_b 是开环系统调速范围 D_k 的 $1+K$ 倍。

综合分析闭环系统的上述三条优越性能，不难看出闭环系统必须设置放大器，而且开环放大系数 $K=K_pK_s\alpha/C_e$ 值要足够大。实际上，无论是开环系统还是闭环系统，给定电压 U_{gn}和触发装置的控制电压 U_c 都是属于同一数量级的电压。在开环系统中，U_{gn}直接作为 U_c 来控制，因而不须设置放大器；而在闭环系统中，引入转速反馈电压 U_{fn}后，若要使转速偏差小，则 $\Delta U_n=U_{gn}-U_{fn}$就必须压得很低，甚至低到使触发整流装置不能正常工作的程度，所以必须设置放大器，才能获得足够的控制电压 U_c。

3. 转速单闭环控制电路的特点

(1) 采用比例放大器的反馈控制系统是有静差的。

从上面对静特性的分析中可以看出，闭环系统的稳态速降为

$$\Delta n_b = \frac{I_d R}{C_e(1+K)}$$

只有当 $K=\infty$ 时才能使 $\Delta n_b=0$，即实现无静差，而实际上不可能获得无穷大的 K 值，况且过大的 K 值将可能导致系统不稳定，一般 K 值要足够大。从控制作用上看，放大器的输出电压 U_c 与转速偏差电压 ΔU_n 成正比，只有 ΔU_n 不为 0，放大器才有输出电压 U_c，才能维持电动机一定的转速；如果 $\Delta n_b=0$，即处于无静差状态，则控制信号 $\Delta U_n=0$，$U_c=0$，系统就停止运行了。所以该系统是依靠被控量的偏差(实际转速与理想空载转速的偏差)来实现调节作用的有静差系统。

(2) 被控量紧紧跟随给定量的变化。

电动机转速能在一定范围内调节，被控量(转速)仅跟随给定信号而变化。

(3) 对包围在闭环中前向通道上的各种扰动有较强的抑制作用。

当系统给定电压不变时，该控制系统对被包围在系统前向通道上的各种扰动都有抑制作用，如对放大器的增益变化、交流电源电压的波动、负载的变化、被控电动机磁场的变动等干扰因素引起的转速变化都有抑制能力，如图 6-6 所示。

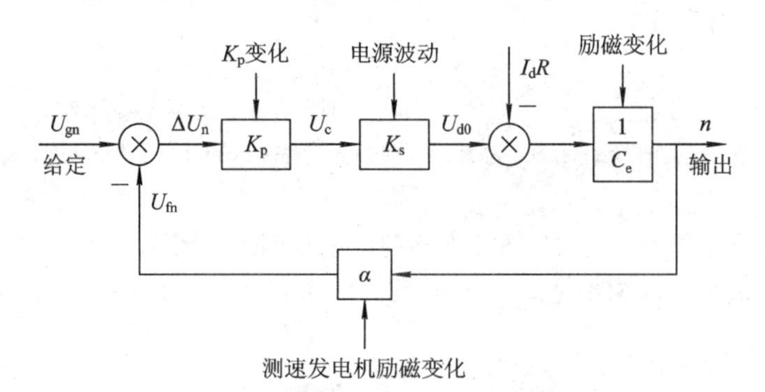

图 6-6 反馈控制系统给定作用与扰动作用

(4) 反馈控制系统对给定信号和检测装置所产生的扰动无法抑制。

由图 6-6 可以看出，给定电压的细微变化，都会引起转速的变化，而不受反馈的抑制。如果给定电源发生了不应有的波动，则转速也随之变化。此外，对反馈检测元件本身的误差，反馈控制也是无法抑制的，调整的结果反而使电动机转速离开了原应保持的数值。因此，对于高精度的控制系统还必须有高精度的检测元件作保证。

6.2 电流、转速双闭环直流调速系统

对于一些频繁启(制)动及经常正反转的生产机械，希望尽量缩短其过渡过程时间，为此，我们希望能够充分利用电动机允许的过载能力，最好是在过渡过程中一直保持电流为允许最大值，使系统以可能的最大加(减)速度启(制)动。当转速达到稳态转速时，电流应立即降下来，使转矩与负载相平衡，从而转入稳速运行。在电枢电流保持最大值的过程中，转速呈线性增长，这是在最大电流受限制条件下调速系统所能得到的最快的启动过程，也称最佳过渡过程。在工程实践中，以电流、转速双闭环直流调速系统作为控制方案，

可以最大限度地实现电动机的最佳过渡过程，使得对电动机的转速控制达到较为理想的静态和动态指标。

6.2.1　电流、转速双闭环直流调速系统的组成结构和控制原理

1. 组成结构

电流、转速双闭环直流调速系统的组成框图如图 6－7 所示。

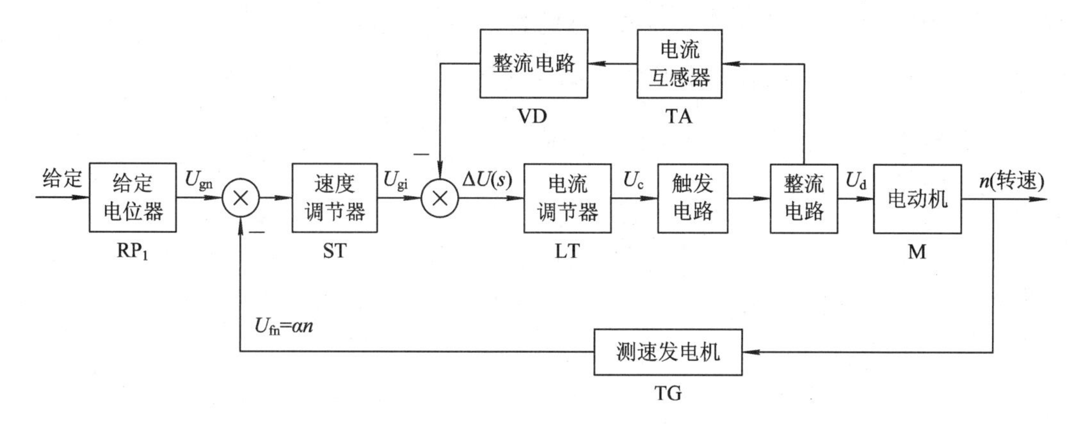

图 6－7　电流、转速双闭环直流调速系统的组成框图

由图 6－7 可以看出，在系统中设置有两个调节器，分别调节转速和电流，二者之间实行串级连接，即以转速调节器的输出作为电流调节器的输入，用电流调节器的输出作为控制电压，那么两种调节器就能互相配合，相辅相成了。在结构上，电流调节环在里面，是内环；转速调节环在外面，是外环，这就是电流、转速双闭环直流调速系统的结构。其原理结构图如图 6－8 所示。

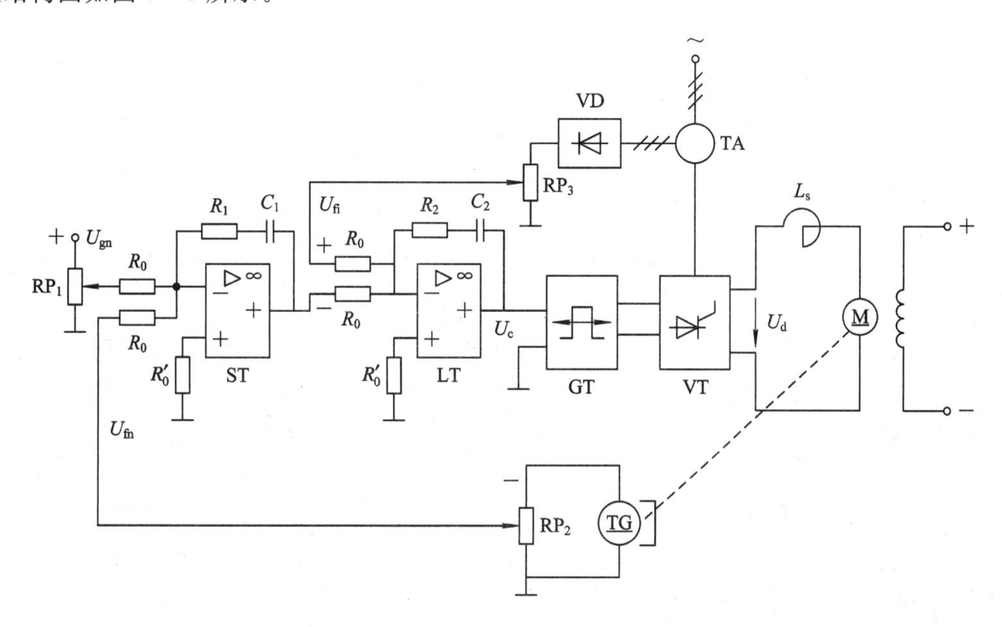

图 6－8　电流、转速双闭环直流调速系统的原理结构图

ST 和 LT 均有输入和输出限幅电路。输入限幅是为了保护运算放大器。ST 的输出限幅值为 U_{sim}，它主要限制最大电流；LT 的输出限幅值为 U_{cm}，它主要限制晶闸管整流电路的最大输出电压 U_{dm}。

2. 控制原理

为了实现输出的无静差，双闭环中的调节器设计为比例积分调节器。

线性集成运算放大器构成的积分调节器(简称Ⅰ调节器)的原理图如图 6-9(a)所示。由电子技术的相关知识可知，输入输出之间的表达式为

$$U_o=-\frac{1}{C}\int i\,dt=-\frac{1}{R_0C}\int U_i\,dt=-\frac{1}{\tau}\int U_i\,dt$$

式中，τ 为积分调节器的积分时间常数，$\tau=R_0C$。

积分调节器的传递函数为

$$G(s)=\frac{U_o(s)}{U_i(s)}=-\frac{1}{\tau s}$$

当不考虑输入输出之间的相位关系，U_i 为阶跃输入时，在零初始条件下，积分调节器的输出表达式为

$$U_o=\frac{U_i}{\tau}t$$

这表明当调节器输入电压 U_i 为恒值时，输出电压 U_o 随时间线性增长，每一段时刻的 U_o 值和 U_i 与横轴所包围的面积成正比，如图 6-9(b)所示。

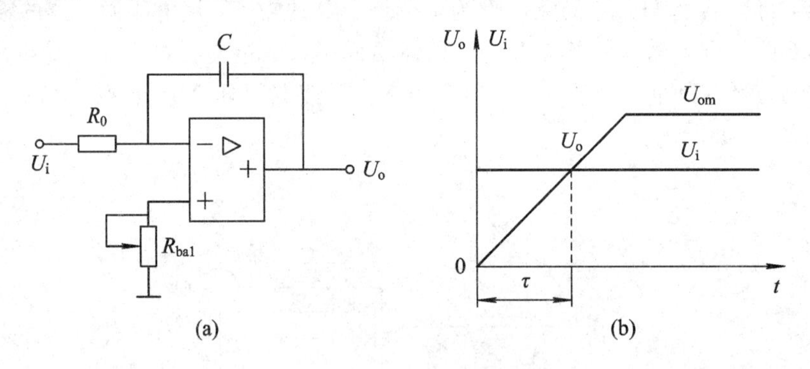

图 6-9　积分调节器电路原理图及输入输出特性

积分调节器具有以下特点：

(1) 积累作用。只要输入信号不为零(其特性不变)，积分调节器的输出就一直增长，只有输入信号为零时，输出才停止增长，但保持恒值输出。直流调速系统根据控制的需要，在调节器设有输出限幅装置，当输出电压上升到限幅值时，输出停止上升，并保持在限幅上。

(2) 记忆作用。积分输入信号衰减为零时，输出并不为零，而是始终保持在输入信号为零前的那个输出瞬时值上，这种记忆作用可以使系统在偏差电压为零时保持恒速运行，使积分控制得到无静差结果。

(3) 延缓作用。当积分调节器的输入信号为阶跃信号时，其输出并不能随之跳变，而是逐渐积分线性增长。这种延缓作用，会使系统控制的快速性变差。

在转速负反馈控制系统中如果采用积分调节器，则触发器控制电压 U_c 是输入偏差信号对时间的积分，即

$$U_c = -\frac{1}{\tau}\int \Delta U_n \mathrm{d}t$$

当负载突增时，无静差调速系统的动态过程曲线如图 6－10 所示。当调速系统的转速出现偏差时，偏差电压 $\Delta U_n > 0$，U_c 就上升，电动机的转速也随之上升，从而使转速偏差减小。只要转速偏差存在，即 $\Delta U_n \neq 0$，积分调节器就继续进行调节，一直至 $\Delta U_n = 0$ 为止，系统保持恒速运行，从而得到无静差调速系统。

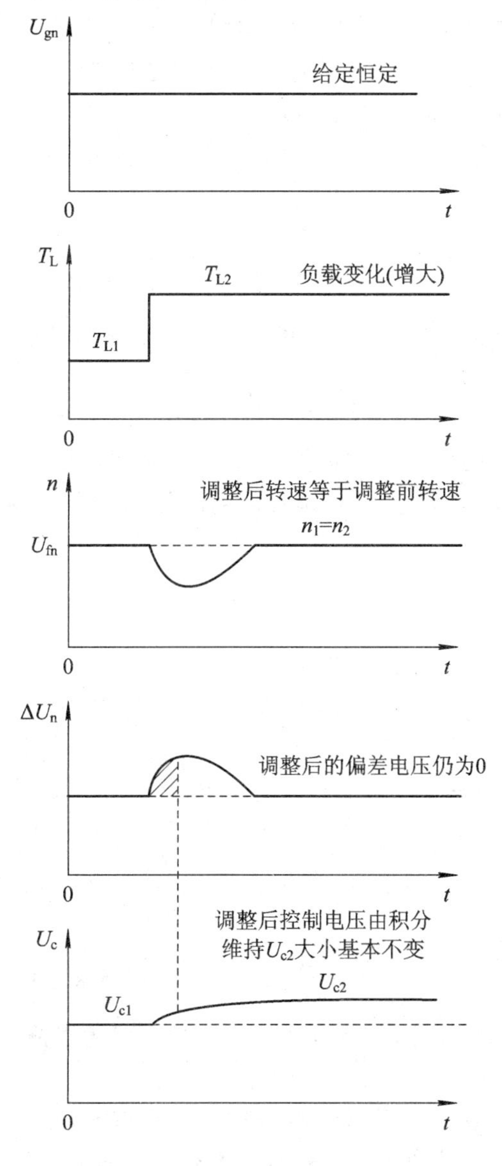

图 6－10　无静差系统在突加负载时的动态过程

积分调节器的缺点是具有延缓作用，在控制的快速性上不如比例调节器。如果系统既要求无静差又要求响应快，则可以把比例控制和积分控制两种规律结合起来，构成比例积

分调节器，这种控制方式就是常用的比例积分控制。

如图 6-11(a)所示为一种由集成运算放大器构成的比例积分调节器，简称 PI 调节器。不考虑输入输出之间的反相作用时，其输入输出之间的表达式为

$$U_o=\frac{R_1}{R_0}U_i+\frac{1}{R_0C}\int U_i\mathrm{d}t=K_{pi}U_i+\frac{1}{\tau}\int U_i\mathrm{d}t$$

式中，K_{pi} 为 PI 调节器比例放大系数，$K_{pi}=R_1/R_0$；τ 为 PI 调节器的积分时间常数，$\tau=R_0C$。

可知 PI 调节器的输出电压 U_o 由比例和积分两部分相加组成。当初始条件为零时，对上式两端取拉氏变换，整理得 PI 调节器的传递函数为

$$G_{pi}(s)=\frac{U_o(s)}{U_i(s)}=K_{pi}+\frac{1}{\tau s}=\frac{K_{pi}\tau s+1}{\tau s}$$

令 $\tau_1=K_{pi}\tau$，则此传递函数也可以写成如下的形式

$$G_{pi}(s)=\frac{\tau_1 s+1}{\tau s}$$

式中，$\tau_1=K_{pi}\tau=\frac{R_1}{R_0}\times R_0C=R_1C$，为 PI 调节器的超前时间常数。

在零初始条件下，输入阶跃信号，可得 PI 调节器的输出时间表达式为

$$U_o=K_{pi}U_i+\frac{U_i}{\tau}t$$

比例积分调节器的时间响应特性如图 6-11(b)所示。突加负载时，输出电压跳变到 $K_{pi}U_i$，之后，随积分部分逐步增大，调节器的输出 U_o 在 $K_{pi}U_i$ 基础上线性增长，直到运算放大器的限幅值。

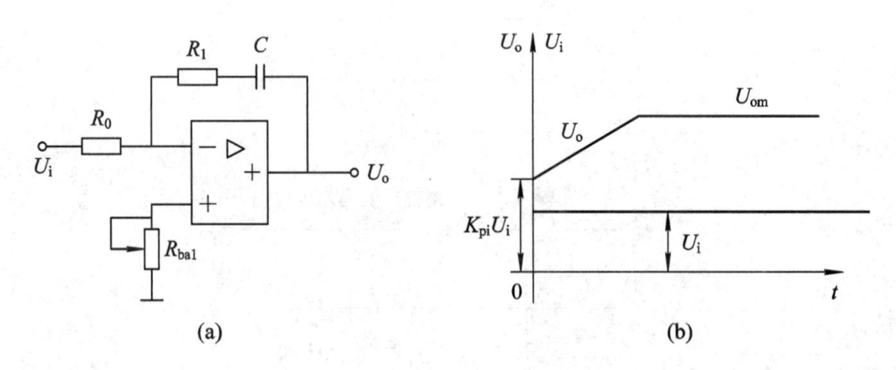

图 6-11 比例积分调节器电路原理图及输入输出特性

比例部分能迅速响应控制作用，积分部分能最终消除稳态偏差。系统既具有快速响应性能，又具有好的稳态精度。

工程实践中，我们大多采用 PI 调节器，此种结构下系统为无静差调速系统，无需计算系统的稳态调速指标。系统抗负载扰动的动态调节过程分析如下。

采用比例积分调节器的转速负反馈无静差调速系统如图 6-12 所示。其转速调节过程如图 6-13 所示，当负载由 T_{L1} 突增到 T_{L2} 时，负载转矩大于电动机转矩而使转速下降，转速反馈电压 U_{fn} 随之下降，使调节器输入偏差 $\Delta U_n\neq 0$，于是引起 PI 调节器的调节过程。

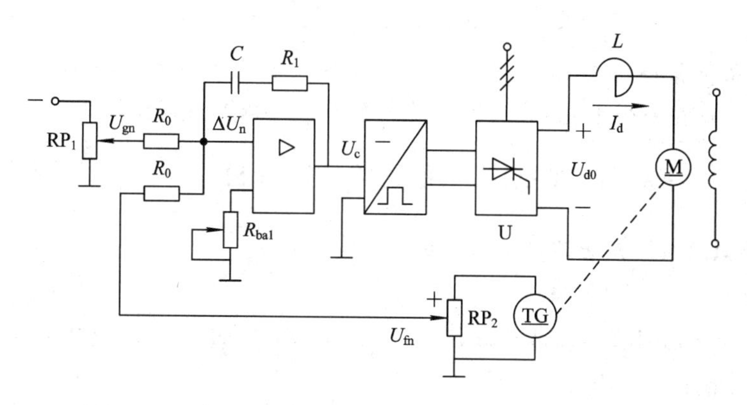

图 6-12　采用 PI 调节器的负反馈无静差调速系统原理图

由图 6-13 可分析出：无静差调速系统只是在稳态上的无静差，在动态时是处于有“差”状态。衡量系统抗扰过程的动态性能指标主要有最大动态速降 Δn_{max} 和恢复时间 t_v。

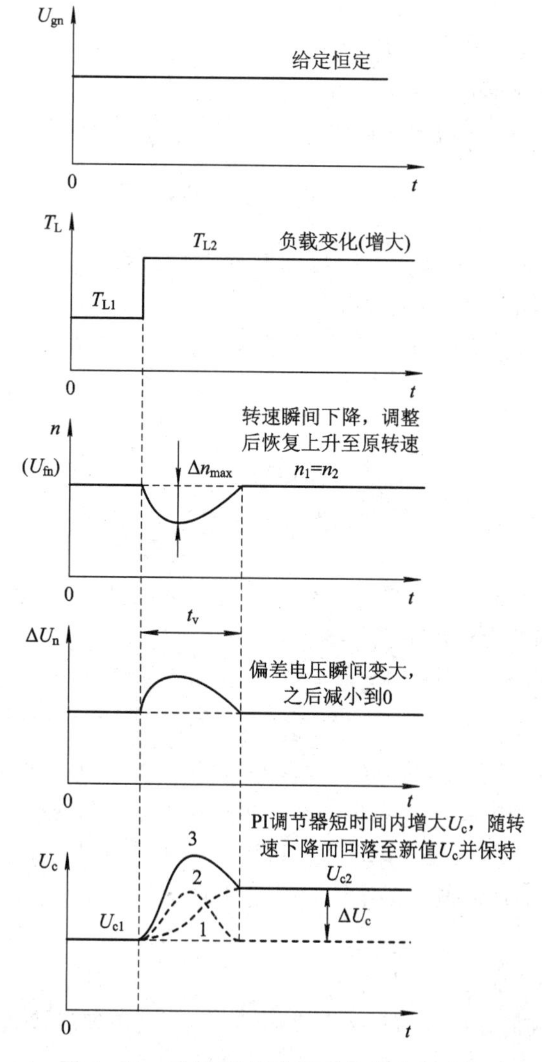

图 6-13　采用 PI 调节器系统的动态过程

应当指出，所谓“无静差”，只是理论上的无静差，因为只有放大器的放大系数为无穷大，所以才使系统静差 $\Delta n=0$。但实际上，运算放大器的放大系数虽然很大，但还是有限值。因此系统仍存在着很小的静差，只是在一般精度要求下该静差可以忽略不计而已。

6.2.2 电流、转速双闭环直流调速系统的性能分析

1. 双闭环直流调速系统的静特性分析

1）电流环分析

电流环的给定信号是转速调节器ST的输出信号 U_{gi}；电流环的反馈信号是电流负反馈信号 $U_{fi}=\beta I_d$，稳态时应有

$$U_{gi}=U_{fi}=\beta I_d \text{ 或者 } I_d=\frac{U_{gi}}{\beta}$$

此式的含义是，在 U_{gi} 一定的情况下，由于电流调节器LT的调节作用，输出电流将保持在 U_{gi}/β 数值上。这也就意味着，电网电压波动所引起的电流波动将被有效地抑制。

电流环的另一个作用是限制最大电流。由于限幅的原因，ST的最大输出只能是限幅值 U_{gim}。在调整电流检测器的电位器，以确定电流反馈系数 β 时，应使电动机电流为最大允许值 I_{dm} 时，反馈信号 $U_{fi}=\beta I_d$ 等于 U_{gim}，即

$$U_{gim}=\beta I_{dm} \text{ 或 } \beta=\frac{U_{gim}}{I_{dm}}$$

在 U_{gim} 和 I_{dm} 选定后，就确定了电流反馈系数 β。反过来，当 U_{gim} 和 β 确定后，也就确定了电流 I_d 的最大值 I_{dm}。

电流环还有一个作用，就是在系统启制动过程中维持电动机的电流 I_d 等于最大给定值 I_{dm}，以加快过渡过程。

2）转速环分析

转速环的给定信号为 U_{gn}，其反馈信号是转速负反馈信号 $U_{fn}=\alpha n$，稳态时有

$$U_{gn}=U_{fn}=\alpha n \text{ 或 } n=\frac{U_{gn}}{\alpha}$$

此式表明：当系统给定信号一定时，靠转速调节器维持电动机的转速恒定，使之不受负载扰动等影响。其调节过程如下：

$$I_d\uparrow \rightarrow \Delta n\uparrow \rightarrow n\downarrow \rightarrow \Delta U=(U_{gn}-\alpha n\downarrow)>0\uparrow \rightarrow |U_{gi}|\uparrow \rightarrow$$
$$\Delta U_i=(-U_{gi}\uparrow+\beta I_d)<0\uparrow \rightarrow U_c\uparrow \rightarrow U_{d0}\uparrow \rightarrow I_d\uparrow \rightarrow n\uparrow$$

但是，当系统负载过大时，其负载转矩如果比电动机电流为最大允许值 I_{dm} 所能产生的电磁转矩 M_{dmax} 还大，则电动机就要堵转，即转速 n 要降为零。这时速度调节器输入偏差 $\Delta U_n=U_{gn}-\alpha\cdot 0=U_{gn}$ 的值过大，ST要饱和，失去调节作用。这时的系统变为具有最大给定电流 $I_{dm}=U_{gim}/\beta$ 的恒流调节系统，靠电流环的限流调节过程，使 $I_d=I_{dm}$。其限流调节过程如下：

$$I_d\uparrow>I_{dm}\rightarrow \Delta U_i=(-U_{gim}+\beta I_d\uparrow)>0\rightarrow |U_c|\downarrow \rightarrow U_{d0}\downarrow \rightarrow I_d\downarrow$$

调节过程中 U_{d0} 不断下降，最终有 $U_{d0}=I_{dm}R_{\Sigma}$，这样可以得到静特性的下垂段。如图6-14电流、转速双闭环调速系统静特性图中虚线 $A\sim B$ 段，图中实线是理想情况。

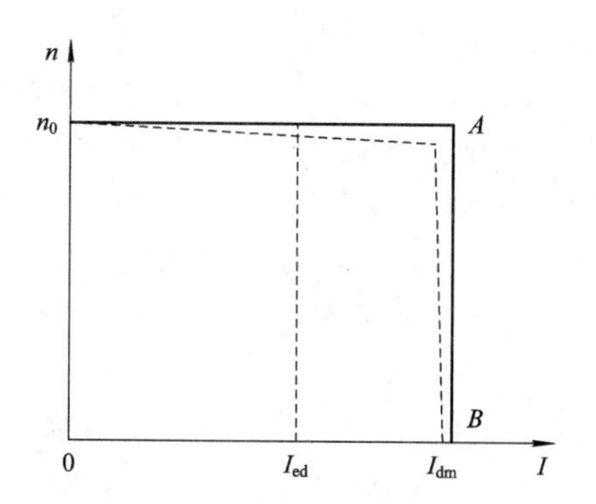

图 6－14　电流、转速双闭环调速系统静特性图

2. 双闭环直流调速系统的启动过程分析

当突加给定信号 U_{gn} 时，系统便进入启动过程。启动过程中，电动机电流 I_d、转速 n、LT 输出电压 U_c、整流电压 U_{d0}、转速反馈信号 U_{fn} 和电流反馈信号 U_{fi} 等波形均示于图6－15中。

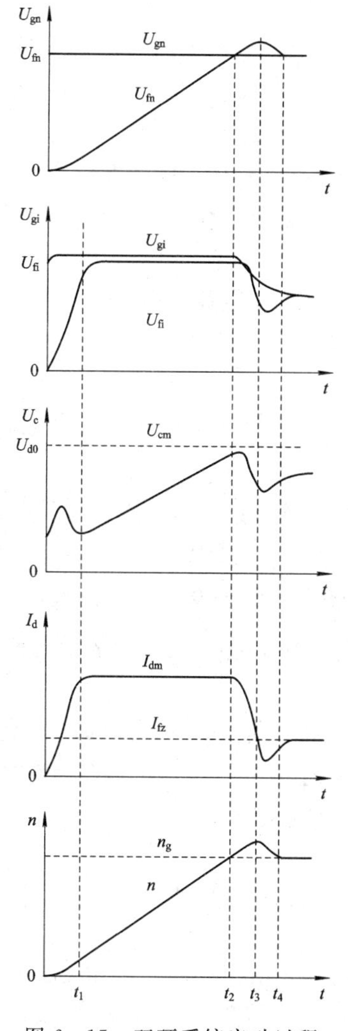

图 6－15　双环系统启动过程

可将突加给定的启动过程分为三个阶段。

(1) 电流上升阶段。在突加给定电压U_{gn}后，通过两个调节器的控制作用，使U_c、U_{d0}、I_d都上升，当$I_d \geqslant I_{fz}$后，转速n开始上升。但是由于电动机的机电惯性影响，转速的增长不会太快，因而转速调节器ST的输入偏差电压ΔU很快达到限幅值U_{gim}，强迫电流I_d迅速上升。当$I_d \approx I_{dm}$时，$U_{fi} \approx U_{gim}$，电流调节器的作用使I_d不再迅猛增长，电流上升阶段结束。在这一阶段中，ST由不饱和很快达到饱和，而LT一般应该不饱和，以保证电流环的调节作用。

(2) 恒流升速阶段。从电流上升到最大值I_{dm}开始，到转速上升到给定值n_{gd}为止，属于恒流升速阶段，在这个阶段中，ST一直是饱和的，转速环相当于开环状态，电流环系统表现为在恒值电流给定U_{gim}作用下的电流调节系统，基本上保持电流I_d恒定，转速呈线性增长。

(3) 转速调节阶段。当转速n大于给定值n_{gd}后，就会产生$U_{fn} > U_{gn}$，则ST的输入ΔU_n变号，ST的积分部分开始反向积分，从而使ST输出$U_{gi} \downarrow < U_{gim}$，即ST退出饱和，参与调节作用，主电流$I_d$也因而下降。但是，由于$I_d$仍大于负载电流$I_{fz}$，在一段时间内，转速仍继续上升。直到$I_d = I_{fz}$时，转矩$T = T_{fz}$，转速$n$达到峰值。此后电动机才开始在负载的阻力下减速直到稳定。电流环在这个阶段形成了一个电流随动系统。

双闭环调速系统启动过程有以下三个特点。

(1) 当ST饱和时，相当于转速环开环，系统表现为恒值电流调节的单环系统；当ST不饱和时，转速环闭环，整个系统是一个无静差调速系统，而电流内环则表现为电流随动系统。

(2) 第二阶段的恒流升速实现了在电流受限条件下的“最短时间控制”，或称“时间最优控制”，因而能够充分发挥电动机的过载能力，使启动过程尽可能最快，接近于理想的启动过程。

(3) 在第三阶段中，只有转速超调才能使ST退出饱和，然后才能使系统达到稳态。即双闭环调速系统的动态响应必有超调。

最后，应该指出，由于晶闸管整流装置的输出电流是单方向的，因此，如无特殊措施，双闭环调速系统不能获得同样好的制动过程。

3. 双闭环直流调速系统的动态性能和两个调节器的作用

一般来说，双闭环直流调速系统具有比较满意的动态性能。

1) 动态跟随性能

双闭环直流调速系统在启动和升速过程中，能够在电流受过载能力约束条件下，表现出很快的动态跟随性能。在减速过程中，由于主电路电流的不可逆性，跟随性能差。对于电流内环来说，也要求有好的跟随性能。

2) 动态抗干扰性能

(1) 抗负载扰动。由于负载扰动作用在电流环之后，因此只能靠转速调节器来产生抗扰作用。要求电流环具有良好的跟随性能就可以了。

(2) 抗电网电压扰动。在双环系统中，电网电压扰动包含在电流环内，这样交流电网电压对转速的扰动不必等到转速变化才调节，而是在电流I_d变化后即可调节。这样扰动量和被控量之间少了电动机这个大惯性环节，因此双环系统对电网电压扰动调节及时，它所引起的动态速降也就小得多。

3）两个调节器的作用

(1) 转速调节器的作用：它使转速 n 跟随给定值 U_{gn}变化，稳态时无静差；对负载变化起抗扰作用；其输出限幅值决定最大电流。

(2) 电流调节器的作用：它在转速调节过程中使电流 I_d 跟随其给定值 U_{gi}变化，启动时保证获得允许的最大电流；对电网电压波动起及时抗扰作用；当电机过载，甚至于堵转时，限制电枢电流的最大值 I_{dm}，从而起到快速的安全保护作用，如果故障消失，系统能够自动恢复正常。

6.2.3　双闭环直流调速系统的典型参数计算

例 6－1　某一双闭环直流调速系统的最大给定电压 U_{gnm}、ST 输出的限幅值 U_{gim}、LT 输出的限幅值 U_{cm}均为 10 V。电动机额定电压 $U_{ed}=220$ V，额定电流 $I_{ed}=20$ A，额定转速 $n_{ed}=1000$ r/min，电枢回路电阻 $R_{\Sigma}=1\ \Omega$，电枢回路最大电流 $I_{dm}=40$ A，$K_s=20$，ST 和 LT 均为 PI 调节器。试求：

(1) α 和 β；

(2) 堵转时 U_{d0}、U_{gi}、U_c、U_{fn}各为多少？

解　(1) 求 α 和 β：

$$\alpha=\frac{U_{gnm}}{n_{ed}}=\frac{10}{1000}=0.01\ \text{V}\cdot\text{min/r}$$

$$\beta=\frac{U_{gim}}{I_{dm}}=\frac{10}{40}=0.25\ \text{V/A}$$

(2) 计算堵转时各量：

$$U_{d0}=I_{dm}\cdot R_{\Sigma}=40\times 1=40\ V$$

$$U_{gi}=U_{gim}=10\ \text{V}$$

$$U_c=\frac{U_{d0}}{K_s}=\frac{40}{20}=2\ \text{V}$$

$$U_{fi}=U_{gim}=10\ \text{V}$$

$$U_{fn}=0\ \text{V}$$

本章小结

(1) 直流调速系统的稳态性能指标有调速范围和静差率；动态性能指标分跟随性能指标和抗扰性能指标。其中，跟随性能指标有上升时间 t_r、超调量 $\sigma\%$、调整时间 t_s 等，抗扰性能指标有动态速降 Δn_{max}、恢复时间 t_v 等。

(2) 由于开环直流调速系统静态速降大，不能满足具有一定静差率的调速范围的要求，因此引入转速负反馈组成的闭环反馈调速系统。闭环调速系统可以获得比开环调速系统硬得多的稳态特性，从而在保证一定静差率的要求下，能够提高调速范围，为此所需付出的代价是增设电压放大器以及检测与反馈装置。

(3) 闭环系统限制电动机启动时的冲击电流和堵转时的大电流的最有效方法是引入电

流截止负反馈环节。只要在控制系统的前向通道扰动作用点以前含有积分环节，这个扰动就不会引起扰动误差，也就是说，系统是否无差取决于系统的结构。

(4) 采用比例放大器的闭环直流调速系统在稳态精度和动态稳定性之间常常是矛盾的，利用PI调节器兼作校正装置，改造了系统的传递函数，能够解决静、动态之间的矛盾。采用模拟PI调节器控制的电流、转速双闭环直流调速系统是V-M系统的经典控制结构，在工程实践中得到较广泛的应用。电流、转速双闭环调速系统引入了适当的电流控制，较好地解决了启动电流的冲击问题。

(5) 当转速调节器不饱和时，电流负反馈只是对转速环的一个扰动作用，由于转速调节器采用PI调节器，双闭环系统仍是无静差调速系统。当转速调节器饱和时，是恒流调节系统，具有下垂特性。

(6) 当给定信号大范围增加时，转速调节器饱和，在这样的非线性控制作用下，系统成恒值电流调节系统。这时调节系统基本上实现了最大电流受限制条件下的最短时间控制。当给定信号小范围变化时，以及在扰动作用下，系统表现为线性的串级调节系统。如果扰动作用在电流环以内，则电流环能及时调节，有助于减少转速的变化；如果扰动作用在电流环之外，则仍须靠转速环调节，这时电流环表现为电流的随动系统，电流反馈加快了跟随作用。

习 题 6

6-1　什么叫调速范围？什么叫静差率？调速范围与最小静差率和静态速降间有什么关系？

6-2　直流调速系统有哪些主要的动态性能指标？

6-3　试概述单闭环转速负反馈系统的主要特点。改变给定电压能否改变电动机的转速？为什么？如果测速机励磁发生变化，系统是否有克服这种扰动的能力？

6-4　为什么加负载后，电动机的转速会降低？它的实质是什么？而在加入转速负反馈后，能减少静态速降，其原因是什么？

6-5　比例积分调节器具有哪些特点？

6-6　为什么积分控制的调速系统是无静差的？在转速单闭环调速系统中，当积分调节器的输入偏差电压 $\Delta U=0$ 时，输出电压是多少？这取决于哪些因素？

第 7 章　位置随动系统

位置随动系统又称为跟随系统或伺服系统，它实现执行机构对位置自动而精确地跟踪。如数控机床的刀具进给和工作台的定位系统，这种系统的被控量是负载的空间位移，当给定量随机变化时，系统能使被控量准确无误地跟随并复现给定量。工程实践中，工业机器人的动作控制，火炮方位的自动跟踪，雷达的跟踪过程等，都是典型的位置控制。因此，位置随动系统在现代工业、国防等各个领域得到了广泛应用。

7.1　位置随动系统的组成结构

首先我们通过一个例子来了解位置随动系统的组成结构。如图 7-1 所示是一个电位器式的小功率位置随动系统的原理图。此系统由以下五个部分组成。

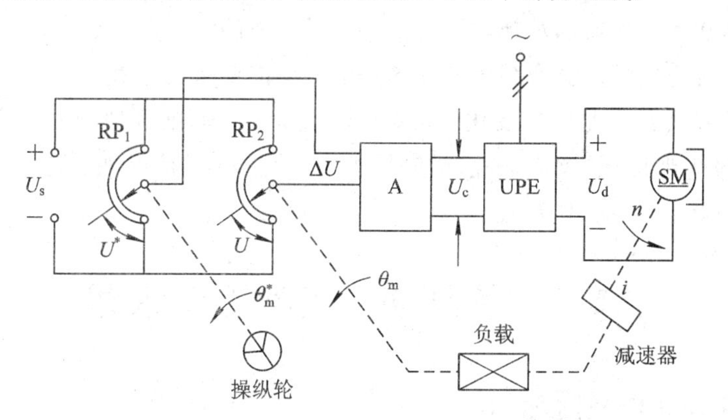

图 7-1　电位器式位置随动系统原理图

1. 位置传感器

由电位器 RP_1 和 RP_2 组成位置(角度)传感器。RP_1 是给定位置传感器，其转轴与操纵轮连接，发出转角给定信号 θ_m^*；RP_2 是反馈位置传感器，其转轴通过传动机构与负载的转轴相连，得到转角反馈信号 θ_m。两个电位器由同一个直流电源 U_s 供电，使电位器输出电压 U^* 和 U，直接将位置信号转换成电压量。偏差电压 $\Delta U=U^*-U$ 反映了给定与反馈的转角误差 $\Delta\theta_m=\theta_m^*-\theta_m$，通过放大器等环节拖动负载，最终消除误差。

2. 电压比较放大器

两个电位器输出的偏差电压 ΔU 在放大器 A 中进行放大，发出控制信号 U_c。由于 ΔU 是可正可负的，因此，放大器必须具有鉴别电压极性的能力，输出的控制电压 U_c 也必须是可逆的。

3. 电力电子变换器

电力电子变换器主要起功率放大的作用(同时也放大了电压)，而且必须是可逆的。在小功率直流随动系统中多采用P－MOSFET或IGBT桥式PWM变换器。

4. 伺服电动机

在小功率直流随动系统中多采用永磁式直流伺服电动机，在不同情况下也可采用其他直流或交流伺服电动机。由伺服电动机和电力电子变换器构成的可逆拖动系统是位置随动系统的执行机构。

5. 减速器与负载

在一般情况下负载的转速是很低的，因此，在电动机与负载之间必须设有传动比为 i 的减速器。在现代机器人、汽车电子机械等设备中，为了减少机械装置，倾向于采用低速电动机直接传动，可以取消减速器。

通过分析上面的例子，可以总结出位置随动系统的主要特征如下：

(1) 位置随动系统的主要功能是使输出位移快速而准确地复现给定位移。

(2) 必须有具备一定精度的位置传感器，能准确地给出反映位移误差的电信号。

(3) 电压和功率放大器以及拖动系统都必须是可逆的。

(4) 控制系统应能满足稳态精度和动态快速响应的要求。

位置随动系统的给定是随机变化的，要求输出量及时而准确地跟随给定量的变化，系统在保证稳定的基础上，更突出快速响应能力，在保证稳态精度和动态稳定性的情况下，更要求其具有较好的快速跟随性能。

7.2 位置随动系统的工作原理

7.2.1 位置随动系统的原理图

如图7－2所示是一个小功率晶闸管交流调压位置随动控制系统。该系统主要包括以下几个部分。

1. 交流伺服电动机

系统的被控对象是交流伺服电动机SM，被控变量为角位移 θ_o；A为励磁绕组，B为控制绕组；在励磁回路中串接了电容 C_1，使励磁电流和控制电流相差90°角；励磁绕组通过变压器 T_1 由115 V、400 Hz的交流电源供电；控制绕组通过变压器 T_2 经交流调压电路(主电路)接于同一交流电源。

2. 主电路

随动系统的位置偏差可能为正，也可能为负。要消除位置偏差，必须要求电动机能正、反两个方向运行。因此，系统的主电路为单相双向晶闸管交流调压电路，它是由 $VT_{正}$ 和 $VT_{反}$ 构成的正、反两组供电电路。连接形式如图7－2所示。

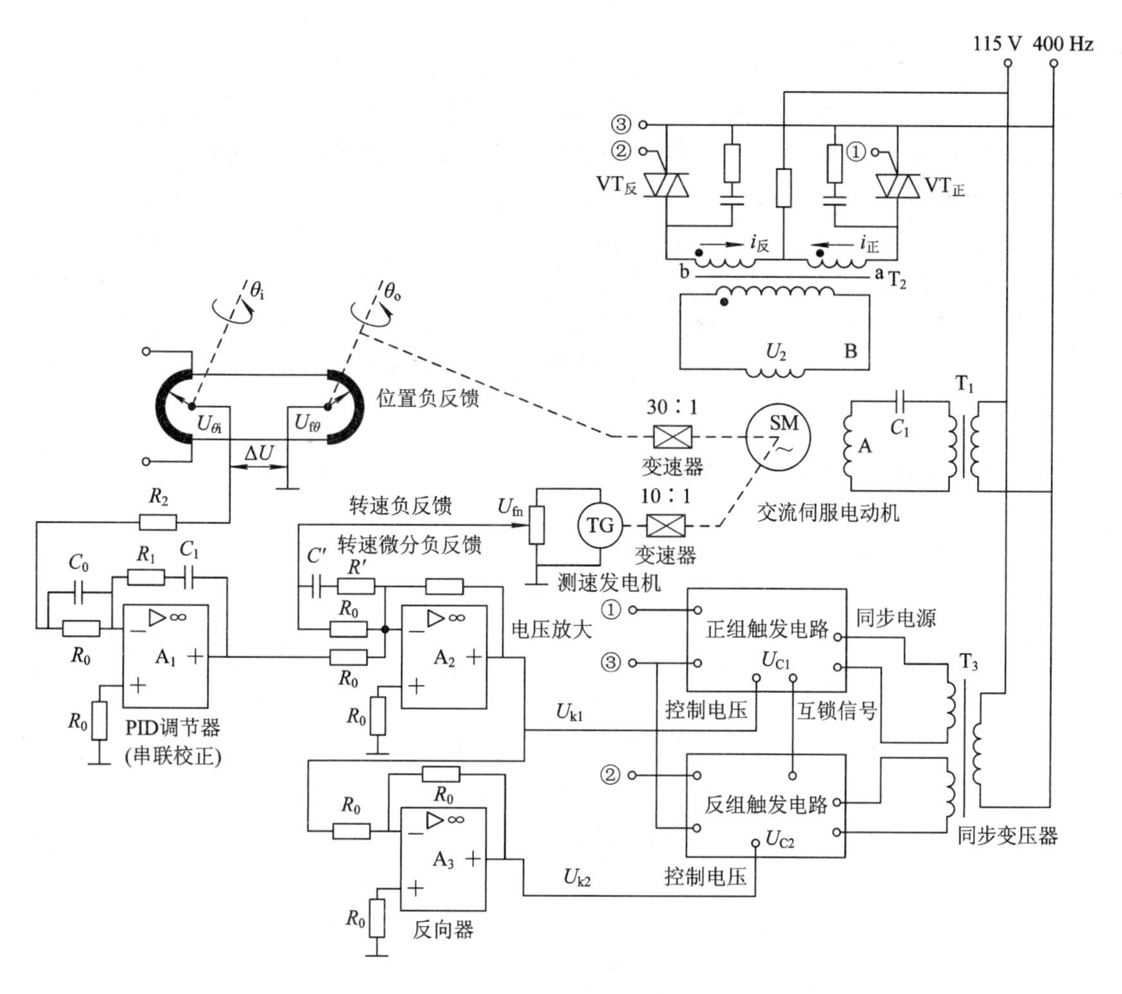

图 7-2　晶闸管交流调压位置随动系统

当 $VT_{正}$ 组导通工作时，变压器 T_2 的一次侧 a 绕组便有电流 $i_{正}$ 通过，电源交流电压经变压器 T_2 变压后提供给控制绕组，使电动机转动(设为正转)；反之，当 $VT_{反}$ 组导通工作时，变压器 T_2 的一次侧 b 绕组将有电流 $i_{反}$ 流过，电源交流电压经变压器 T_2 变压后提供给控制绕组，使电动机反转。

3. 触发电路

触发电路也有正、反两组，由同步变压器 T_3 提供同步信号电压。如图 7-2 所示，引脚①、③为正组触发电路输出，送往 $VT_{正}$ 门极；引脚②、③为反组触发电路输出，送往 $VT_{反}$ 门极；引脚③为公共端。

在主电路中，$VT_{正}$、$VT_{反}$ 不能同时导通，因此，在正、反两组触发电路中要增设互锁环节，以保证在任意时刻，只可能有一组发出触发脉冲。

4. 控制电路

(1) 给定信号。位置给定量为 θ_i，通过伺服电位器转换为电压信号 $U_{\theta i}=K\theta_i$。

(2) 位置负反馈环节。系统的输出量是 θ_o，通过伺服电位器转换为电压信号 $U_{f\theta}=K\theta_o$。$U_{f\theta}$ 与 $U_{\theta i}$ 极性相反，因此是位置负反馈，偏差电压输入信号为 $\Delta U=U_{\theta i}-U_{f\theta}$

$=K(\theta_i-\theta_o)$。

(3) 调节器与电压放大器。A_1 为PID调节器，是为改善随动系统动、静态性能而设置的串联校正环节。A_1 的输入信号是 ΔU，其输出信号送到电压放大器 A_2，A_2 的输出信号是正组触发电路的控制电压 U_{k1}，增设反向器 A_3 可得到反组触发电路的控制电压 U_{k2}。

(4) 转速负反馈和转速微分负反馈环节。系统中增设转速负反馈环节，是为了改善系统动态性能，减小位置超调量，U_{fn} 为转速负反馈电压，用来限制速度过快。另外，U_{fn} 另一路经 C' 和 R' 反馈回输入端，形成转速微分负反馈环节，限制动态过程中位置加速度过大。

(5) 为避免参数之间互相影响，在系统设计时使用双环结构，其中位置负反馈构成外环，信号在PID调节器 A_1 输入端综合；而把转速负反馈和转速微分负反馈构成内环，信号在电压放大器 A_2 输入端综合。

7.2.2 位置随动系统的方框图

图 7-2 所示位置随动系统的方框图如图 7-3 所示。

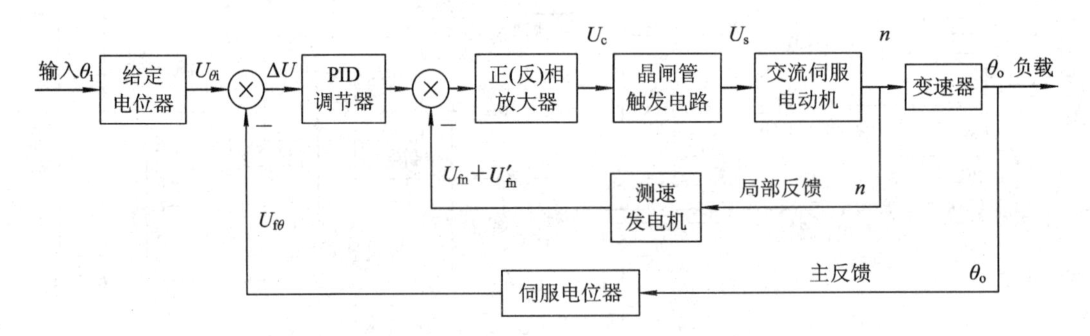

图 7-3 位置随动系统方框图

在稳态时，$\theta_i=\theta_o$，$\Delta U=0$，电动机停转。

当位置给定信号 θ_i 改变时，设 θ_i 增大，则 $U_{\theta i}=K\theta_i$ 增大，偏差电压 $\Delta U=K(\theta_i-\theta_o)>0$，经过调节器和放大器后产生的 $U_{k1}>0$，正组触发电路发出触发脉冲，使 $VT_{正}$ 导通，电动机正转，θ_o 增大直到 $\theta_o=\theta_i$，达到新的稳态，电动机停转，调节过程如图 7-4 所示。同理可知，当 θ_i 减小时，电动机反转，θ_o 减小直到 $\theta_o=\theta_i$，调节过程如图 7-5 所示。综上所述，位置随动系统输出的角位移 θ_o 将随给定 θ_i 的变化而变化。

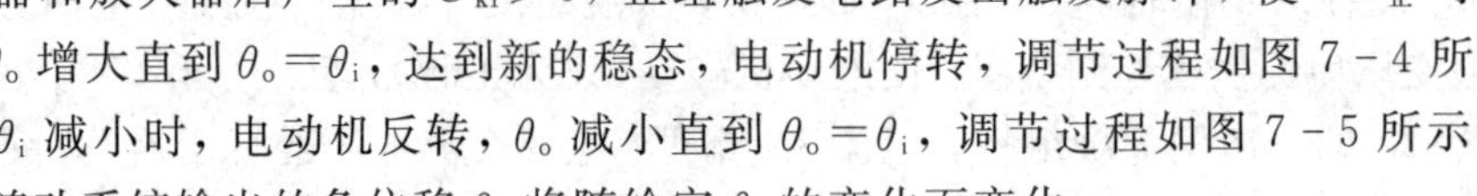

$\theta_i\uparrow \to U_{\theta i}\uparrow \to \Delta U>0 \to U_{k1}>0 \to VT_{正}$导通 $\to$ 电动机正转 $\to \theta_o\uparrow \xrightarrow{\theta_o=\theta_i}$ 电动机停转

图 7-4 $\theta_i>\theta_o$ 时的自动调节过程

$\theta_i\downarrow \to U_{\theta i}\downarrow \to \Delta U<0 \to U_{k2}>0 \to VT_{反}$导通 $\to$ 电动机反转 $\to \theta_o\downarrow \xrightarrow{\theta_o=\theta_i}$ 电动机停转

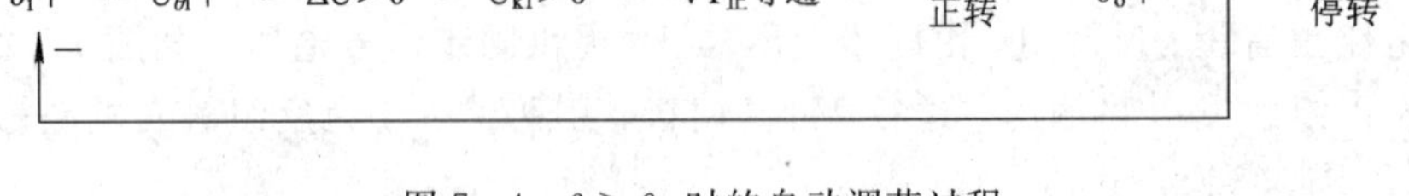

图 7-5 $\theta_i<\theta_o$ 时的自动调节过程

框图中交流伺服电动机是执行机构，其传递函数为

$$\frac{N(s)}{U_s(s)}=\frac{K_m}{T_m s+1}$$

将转速转换成角位移，并考虑变速箱的传动比 $i(1/10)$，则有

$$\frac{\Theta(s)}{N(s)}=\frac{2\pi i}{60s}=\frac{K_2}{s}$$

其中，$K_2=\frac{2\pi}{60}i$。

功率放大器和电压放大器的增益分别为 K_s 和 K_A，给定电位器和反馈电位器都是比例环节，增益均为 K_0，PID 调节器的传递函数可设为

$$G_c(s)=K_1\,\frac{(T_0 s+1)(T_1 s+1)}{T_2 s+1}$$

式中，$K_1=-R_2/R_0$，$T_0=R_0C_0$，$T_1=R_1C_1$，$T_2=(R_1+R_2)C_1$，且 $T_2>T_1$。

转速反馈环节的传递函数为

$$G_f(s)=\alpha+\tau s$$

其中，α 为转速反馈系数，τ 为微分反馈时间常数，$\alpha+\tau s$ 表示比例加微分负反馈。

将以上各单元的传递函数代入方框图中，即可得到系统的数学模型如图 7－6 所示。

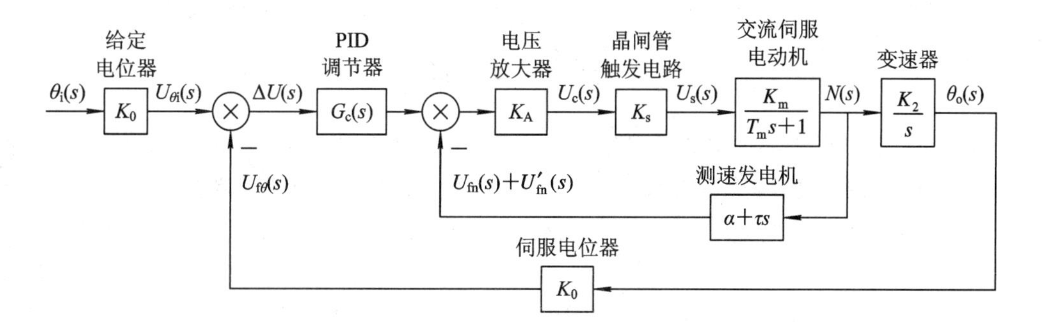

图 7－6　位置随动系统模型框图

7.2.3　位置随动系统的性能分析

在图 7－6 中，被 $\alpha+\tau s$ 反馈包围的前向通道的传递函数为

$$G_1(s)=\frac{K_A K_s K_m}{T_m s+1}=\frac{K}{T_m s+1}$$

式中，$K=K_A K_s K_m$。

当 $G_1(s)$被 $\alpha+\tau s$ 包围后，其等效传递函数为

$$G_1'(s)=\frac{K/(T_m s+1)}{1+\dfrac{(\alpha+\tau s)K}{T_m s+1}}=\frac{K/(1+\alpha K)}{\left(\dfrac{T_m+K\tau}{1+\alpha K}\right)s+1}=\frac{K'}{T's+1}$$

式中，$K'=\frac{K}{1+\alpha K}$，$T'=\frac{T_m+K\tau}{1+\alpha K}$。

$G_1'(s)$仍为一惯性环节，但其增益为原来的$\frac{1}{1+\alpha K}$倍，明显降低，系统的开环传递函数 $G(s)$为

$$G(s)=K_1\frac{(T_0s+1)(T_1s+1)}{T_2s+1}\times\frac{K'}{T's+1}\times\frac{K_2}{s}\times K_0$$
$$=\frac{K_\Sigma(T_0s+1)(T_1s+1)}{s(T_2s+1)(T's+1)}$$

式中，$K_\Sigma=K_1K'K_2K_0$。

此为三阶系统，此系统对位置阶跃信号，将是无静差的；但对单位斜坡信号，其稳态误差 $e_{ss}=\frac{1}{K_\Sigma}$；对加速度信号来说，系统的 $e_{ss}\to\infty$。对数控机床，通常是一个确定的位移指令，可实现无静差精确定位。

系统的相位稳定裕量为

$$\gamma=180°-90°+\arctan(T_1\omega_c)+\arctan(T_0\omega_c)-\arctan(T_2\omega_c)-\arctan(T'\omega_c)$$
$$=180°-90°+\varphi_1(\omega_c)+\varphi_0(\omega_c)-\varphi_2(\omega_c)-\varphi'(\omega_c)$$

当系统的增益降低时，可使相位裕量增加，超调量减小，但 ω_c 会减小，快速性会变差；增大时间常数 T_0 和 T_1，也同样可使相位裕量增加，超调量减小，从而增加系统的稳定程度。增设转速负反馈环节，将显著地改善系统的动态性能；增设转速微分负反馈环节，将限制加速度过大，有利于系统的平稳运行。

本章小结

(1) 随动系统一般以单位斜坡信号为控制量，而以位移为被控制量，通过输入信号的变化达到控制系统输出位移量的目的，小功率晶闸管交流调压位置随动控制系统中，供电电路是可逆电路，驱动伺服电动机正向和反向转动，以此来消除正、负两个方向的偏差。

(2) 随动系统的主反馈是位置负反馈，其主要作用是消除位置偏差，在要求较高的系统中还增设转速负反馈或转速微分负反馈作为局部反馈，以稳定转速和限制加速度，改善系统的稳定性，此外还有电流负反馈，以限制最大电流。

(3) 随动系统的校正环节一般都采用PID调节器，并且通过增设输入顺馈补偿和扰动顺馈补偿来减小系统的动态和稳态误差。

习 题 7

7-1　简述随动系统的结构组成及适用场合。

7-2　随动系统在构造上与调速系统有何区别？

7-3　简述在大功率晶体管组成的功率放大电路中，如何利用控制电压的大小和极性，实现电动机的可逆控制？

7-4　简述随动系统的自动调节过程。

第 8 章　自动控制系统的分析和调试

8.1　自动控制系统的分析

在工程技术上，经常会遇到陌生的控制系统，这时应首先搞清自动控制系统的工作原理，建立系统的数学模型，然后再对系统进行定量的估算和分析。

8.1.1　了解工作对象对系统的要求

1. 系统或工作对象所处的工作环境条件

(1) 电源电压及波动范围；
(2) 供电频率及波动范围；
(3) 环境温度；
(4) 相对湿度；
(5) 海拔高度。

2. 系统或工作对象的输出及负载能力

(1) 额定功率；
(2) 额定转矩；
(3) 速度；
(4) 最大位移。

3. 系统或工作对象的技术性能指标

(1) 稳态指标：对调速系统，主要是静差率和调速范围；对随动系统，主要是阶跃信号和斜坡信号输入时的稳态误差。

(2) 动态指标：对调速系统，主要是因负载转矩而产生的最大动态速降和恢复时间、调整时间以及振荡次数。

4. 系统或设备可能具有的保护环节

系统或设备可能具有的保护环节主要有：过流保护、过载保护、短路保护、零压或欠压保护、超速保护、限位保护、欠流失磁保护、失步保护、超温保护和连锁保护等。

5. 系统或设备可能具备的控制功能

系统或设备可能具备的控制功能主要有：点动、自动循环、半自动循环、各部分自动循环、爬行微调、连锁、集中控制与分散控制、平稳启动、迅速制动停车、紧急停车和联动控制等。

6. 系统或设备可能具有的显示和报警功能

系统或设备可能具有的显示和报警功能主要有：电源通、断指示，开、停机指示，过载断路指示，缺相指示，风机运行指示，熔丝熔断指示和各种故障的报警指示及警铃等。

7. 工作对象的工作过程或工艺过程

在了解上述指标和数据的同时，还应了解这些数据对系统工作质量产生的具体的影响。

8.1.2 搞清系统各单元的工作原理

对一个实际系统进行分析，应该先做定性分析，后做定量分析。即首先把基本的工作原理搞清楚，这可以把电路分成若干个单元，对每个单元又可分为若干个环节。这样先化整为零，搞清每个环节的作用，然后再集零为整，抓住每个环节的输入和输出两端，搞清各单元和各环节之间的联系，统观全局，搞清整个系统的工作原理。

8.2 自动控制系统的调试

8.2.1 系统调试前的准备工作

系统调试前的准备工作主要有：

(1) 了解工作对象的工作要求或加工工艺的要求，仔细检查机械部分和检测装置的安装情况，是否会阻力过大或卡死。机械部件安装得不好，开车后会产生事故；检测装置安装得不好，将会严重影响系统精度，形成振荡，甚至产生事故。

(2) 系统调试是在各单元部件全部合格的前提下进行的。因此，在系统调试前要对各单元进行测试，检查它们的工作是否正常，并作记录，记录要存档，以便于追查事故原因。

(3) 系统调试是在按图样要求接线无误的前提下进行的。在调试前，要检查各条接线是否正确、牢靠，特别是接地线和继电保护线路，更要仔细检查，未经检查，贸然投入运行，常会造成严重事故。

(4) 写出调试大纲，明确调试顺序。系统调试是最容易产生遗漏、慌乱和出现事故的阶段，因此一定要明确调试步骤，写出调试大纲，并对参加调试的人员进行分工，对各种可能出现的事故事先进行分析，并定出产生事故后的应急措施。

(5) 准备好必要的仪器、仪表，例如双踪示波器、高内阻万用表、代用负载电阻箱、慢扫描示波器或数字示波器、兆欧表、其他监控仪表以及作为测试输入信号的直流稳压电源和印制电路接长板等。准备好记录用纸，并画好记录表格。

(6) 清理和隔离调试现场，使调试人员处于进行活动最方便的位置，各就各位。对机械转动部分和电力线应加罩防护，以保证人身安全。

(7) 制订调试大纲的原则。先单元，后系统；先控制回路，后主回路；先检验保护环节，后投入运行。

(8) 通电调试时，先用电阻负载代替电动机，待电路正常后，再换接电动机负载。对调速系统和随动系统，调试的关键是使电动机投入运转。投入运行时，一般先加低给定电压开环启动，然后逐渐加大反馈量和给定量。对多环系统，一般为先调内环，后调外环。对加载试验，一般应先轻载后重载，先低速后高速。高、低速都不可超过限制值。

(9) 系统调试时，应首先使系统正常稳定运行，通常先将 PI 调节器的积分电容短接，待稳定后，再恢复 PI 调节器，继续进行调试。先调整稳态精度，后调整动态指标。

(10) 分析系统的动、稳态性能的数据和波形记录，对系统的性能进行分析，找出系统参数配置中的问题，以作进一步的改进。

8.2.2 系统调试过程举例

下面以双闭环直流调速系统为例来说明系统调试过程。

1. 系统控制回路各单元和部件的检查和测试(并记录有关数据)

(1) 拔出全部控制单元印制电路板，断开电动机电枢主回路。

(2) 检查各类电源的输出电压的幅值，及用来调试的给定信号电压的幅值。

(3) 核对主回路 U、V、W 三相电压的相序、触发电路同步电压的相序以及它和主回路电压间的关系是否符合触发电路的要求。

(4) 触发电路调试。先调整其中的一块触发器，主要是检查输出触发脉冲的幅值与脉宽。然后通过改变调试信号来检查脉冲的移相范围，若移相范围过大或不移，对锯齿波触发器，则调节锯齿波斜率。在调好一块触发器后，再以此为基准，调试其他各块触发器，若为双脉冲触发，则应使两个脉冲间隔互为 60°。

(5) 调整电流调节器和速度继电器的运放电路。先检查零点漂移，若调整后零点仍漂移，则应考虑增设一个高阻值的反馈电阻，然后以调试信号电压输入，整定其输出电压限幅值。

(6) 对反馈信号电压，在投入运行前，先将调节电位器调至最上限，这样在投入运行时，不至于造成电流和转速过大，同时还要检查反馈信号的极性与给定信号是否相反。

2. 系统主电路、继电保护电路的检查和电流开环的整定

(1) 检查主电路时，先将控制回路断路，而以调试信号代替 ACR 的输出电压 U，去控制触发电路，改变调试信号，即可改变整流装置输出电压。

(2) 在主电路输出端以三相电阻负载来代替电动机。合上开关，接通主电路。

(3) 测定主电路输出电压与控制电压间的关系，并调节触发器电路的总偏置电压，使 $U_c=0$ 时，$U_d=0$。

(4) 改变数值，观察在不同控制角时的波形是否正常。

(5) 主电路小电流通电后，可拔去一相快速熔丝，以检验缺相保护环节的动作和报警是否有效。

(6) 检查电动机励磁回路断路时，失磁保护是否正常。

(7) 调节调试信号，使主电路电流达到最大允许电流，即这时需要调整电流反馈分压电位器的位置，使所整定的电流反馈出合适的电压。

(8) 若主电路设有过电流继电器，则可调节电流至规定动作值，然后整定过电流继电器动作，并检验继电保护能否使主电路开关跳闸。

3. 系统开环调试及速度环的整定

(1) 由于电流环已经整定，因此可插上电流调节器的插件板，并将 ACR 的反馈电容器断开，这时速度调节器的输出由调试信号来代替，先将调试信号电压调至零，电动机电枢和励磁绕组均接上对应电源，然后合上开关。观察主电路电压波形，这时电动机不应转动，若有爬动或颤动，则应重新检查触发器、总偏置电压及电流调节器的运放电路，以排除上述现象。

(2) 逐渐加大调试信号电压，使电动机低速运行，这时应检查各机械部分运行是否正常，主电路的电压及电流波形是否正常。

(3) 在开环低速运行正常的情况下，整定速度反馈分压电位器，使 $U_{fn}=U_{max}$(U_{max}为给定电压的上限)，此即整定转速反馈系数。

4. 系统闭环调试

(1) 由于速度环已整定，可接上转速负反馈，插上速度调节器插件，先将 ASR 和 ACR 的反馈电容用临时线短接，并调至零，合上开关，然后逐步增大 U_s，使转速上升，继续观察系统机械运转是否正常，有无振荡。观察输出电压、电流的波形，并记录有关数值。

(2) 待空载正常运行一段时间后，可分段逐次增加负载至额定值，并记录有关数值，这时可作出机械特性曲线，分析系统的稳态精度。

(3) 在系统稳定运行后，可将调节器反馈电容两端的临时短路线拆除，重复上述试验，观测系统是否稳定，特别是低速和轻载时，若不稳定，可适当降低电流调节器 ACR 的比例系数 K，适当增大 ACR 的微分时间常数，并适当增大反馈滤波电容器的值，使电流振荡减小。当然，电流振荡也与速度调节器 ASR 的参数有关，也可同时适当降低 ASR 的比例系数 K，适当增大 ASR 的微分时间常数 T，并适当增大速度反馈滤波电容器的值。若仍不能稳定，则对 PI 调节器，再增加一个高阻值的反馈电阻，但这样会降低稳态精度。

(4) 在系统稳定运行并达到所需要稳态精度后，可对系统的动态性能进行测定和调整。这通常以开关作为阶跃信号，观察并记录主要变量的响应曲线，并从中分析调节器参数对系统动态性能的影响，找出改善系统动态性能的调节趋势，再作出进一步的调整，使系统动、静态性能逐步达到要求的指标。

总之，系统调试要按照预先拟定好的调试大纲有条不紊地进行，边调试边分析边记录，记录下完整的调试数据和波形，系统调试是检验整个系统能否正常工作，能否达到所要求的技术性能指标的最重要的一环。因此系统调试务必谨慎、仔细，作好周密的准备，切不可大意和慌乱，因为调试时的大意，很可能造成严重的事故。

8.3 自动控制系统的维护与检修

掌握要领，正确使用，维护检查，及时修理，是提高生产效率，保证产品质量，充分发挥自动控制装置性能的根本保证。

晶闸管、晶体管和集成电路等半导体器件装置，由于无机械磨损部分，故维修简单，但由于装置中电子部件小巧，对尘埃、湿度和温度要特别注意。

8.3.1 自动控制系统的维护

1. 一般维护

自动控制系统的一般维护主要是保持清洁，定期清理。定期清扫尘埃时，要断开电源，采用吸尘或吹拭方法。要注意压缩空气的压力不能太大，以防止吹坏零件和断线，吹不掉的尘埃可用布擦，清扫工作一般自柜体上部向下进行，接插件部分可用酒精或香蕉水擦拭。

2. 特殊维护

特殊维护主要是指长期停机再使用时的维护。

长期停机再使用时，要先进行检查，检查项目如下：

(1) 外表检查。要求外表整洁，无明显损伤和凹凸不平。

(2) 查对接线。查看有无松头、脱落，尤其是现场临时增加的连线。

(3) 接地检查。必须保证装置接地可靠。

(4) 器件完整性检查。装置中不得有缺件，对于易损的元件应该逐一核对，已经损坏的或老化失效的元件，应及时更换。

(5) 绝缘性能检查。由于装置长期停机，可能带有灰尘和其他带电的尘埃，而影响绝缘性能，因此必须用兆欧表进行绝缘性能检查，若较潮湿，则应用红外灯烘干或低压供电加热干燥。

(6) 电气性能检查。根据电气原理，进行模拟工作的检查，并且模拟制造动作事故，查看保护系统是否行之有效。

(7) 主机运转前电动机空载试验检查，可以参照 8.2 节系统调试中的电动机空负载试验方法进行。

(8) 主机运转时系统的稳态和动态性能指标检查。用慢扫描示波器查看主机点动、升速及降速瞬间电流和速度波形，用双踪示波器或同步示波器查看装置直流侧的电压波形，检查系统性能、精度和主要参数的波形是否正常，是否符合要求。

3. 日常维护

经常查看各类熔丝，特别是快速熔断器。快速熔断器一般都有信号指示，但也有可能信号部分失效，因此可以在停电情况下用万用表挡测量熔丝电阻是否为 0。有些连续生产的设备，可以带电检查，只要用万用表交流电压挡测量，若熔丝两端有高压，则表明熔丝已经熔断。对大电流部分也要经常注意是否有过热部件，是否有焦味、变色等现象。

8.3.2　自动控制系统的检修

对于紧固件，在运行约 6 个月时需检查一次，其后 2～3 年再进行一次紧固。对保护系统，1～2 年需要进行测试，检查其工作情况是否正常，这可在停机情况下，由控制部分通电进行检查，并根据其原理，制造模拟事故看其是否能有效保护。

导线部分要查看有无过热、损伤及变形等，有些地方需用 500 V 或 1000 V 兆欧表检查其绝缘电阻。有条件的地方，需经常用示波器查看直流侧的输出波形，如发现波形缺相不齐，要及时处理，排除故障。

本章小结

(1) 对一个实际系统进行分析，应该先定性分析，后定量分析。弄清每个环节中每个元件的作用，抓住每个环节的输入和输出两头，搞清各单元和各环节之间的联系，统观全局，搞清系统的工作原理，在此基础上，可建立系统的数学模型，画出系统的框图，在系统框图的基础上，就可以分析那些关系到稳定性和动态、稳态技术性能的参量的选择，以及这些参量对系统性能的影响，以便在调试实际系统时，做到心中有数，有的放矢。

(2) 进行系统调试，首先要作好必要的准备工作，主要是检查接线是否正确和各单元是否正常，并且准备好必要的仪器，制定调试大纲，明确列出调试步骤，然后再逐步地进行调试，并作好调试记录，当系统不稳定或性能达不到要求时，可从各级输出的波形中找出影响系统性能的主要原因，从而制订出改进系统性能的方案。

(3) 自动控制系统的维护和定期检修是保证系统正常可靠工作的基本保证，针对系统的状况可以分别进行一般维护、特殊维护和日常维护，定期检修是按照一定的时间深度维护系统设备，防止可能出现的故障。

习 题 8

8-1　分析一个实际系统的一般步骤有哪些?

8-2　一般自动控制系统的主电路、控制电路、保护电路和辅助电路各包括哪些部分?它们的作用各是什么?

8-3　系统调试时首先要做哪些准备工作?

8-4　系统调试的一般顺序是怎样的?

附录　部分习题参考答案

习　题　1

1-1　所谓自动控制，就是在无人直接参与的情况下，利用控制装置使被控对象或过程自动地按照预定的规律运动或变化。

开环控制系统的输入量与输出量之间只有顺向作用，控制信息只能单方向传递；开环系统的特点是控制系统结构简单，设计维护方便，但是控制精度差，抗干扰性能差；开环系统应用在对控制精度要求不高、成本低的控制中。

闭环控制系统的输入量与输出量之间不仅有顺向作用，而且有反向作用；闭环系统具有控制精度高，适应性强，抗干扰性好等优点，但比开环控制系统的结构复杂，价格高，设计维护困难。闭环系统主要应用于要求控制精度高的场合。

1-2　(1) 家用的抽水马桶是一个典型的闭环反馈系统；(2) 你开车时是通过眼睛感知路线，经大脑处理后给出方向信号再由手操纵执行，从而稳健行驶；(3) 你上洗手间时，自动冲水(人体感应)系统也是闭环控制；(4) 第一次炒菜：咸了；第二次：淡了；第三次、第四……，咸淡刚好，这是一个自动振荡调节过程。

1-3　组成闭环控制系统的主要环节有给定装置、比较装置、校正装置、放大装置、执行装置、被控对象、测量变送装置和电源装置。各环节的作用是：给定装置是设定给定值的装置；比较装置将测量信号与给定信号进行比较，起信号综合作用；校正装置用于改善原系统的性能；放大装置用于对信号进行放大；执行装置推动被控对象工作；被控对象将电能转化成所需形式为人服务；测量变送装置负责测量被控量；电源装置为系统提供电源动力。

1-4　直流自动调速系统可应用在地铁、电力机车、城市无轨电车、升降机等控制设备中。

1-5　衡量一个自动控制系统的性能指标主要有稳定性、快速性和准确性。

稳定性是指系统动态过程的振荡倾向和系统重新恢复平衡工作状态的能力；快速性是指系统动态过程进行的时间长短；准确性是指系统过渡到新的平衡工作状态以后，或系统受扰重新恢复平衡以后，系统最终保持的精度。

1-6　系统工作原理：热水器的出水量 Q_2 由用户随机给定，进水量 Q_1 由使用者根据水位变化人工调节进水阀门，本系统对水温实行自动控制，给定电位器所输入的电压值对应于所需的水温，热电偶测量水温并将水温转化为反馈电压信号 U_f，与给定电压 U_g 相比较，其差值电压 ΔU 经放大后为 U_a，使电热丝通电工作，对水温加热。

当水温降低时，反馈电压 U_f 减小，差值电压 ΔU 增大，电热丝上电压电流增大，电热丝发热量加大，水温上升。当达到设定水温时，反馈电压 U_f 与给定电压 U_g 相等，差值电

压 ΔU 为 0，电热丝停止加热，水温保持。

1-7 系统工作原理：按照零件加工的技术要求和工艺要求，编写零件的加工程序，然后将加工程序输入到计算机中，程序运行后，计算机(数控装置)输出的信号控制步进电机驱动器进行脉冲分配与功率放大，驱动步进电机按照设定的运动轨迹带着刀具对工件加工。此为程序控制系统方式。

1-8 当合上开门开关时，电桥会测量出开门位置与大门实际位置间对应的偏差电压，该偏差电压经放大器放大后，驱动伺服电动机带动绞盘转动，将大门向上提起。与此同时，和大门连在一起的电刷也向上移动，直到桥式测量电路达到平衡，电动机停止转动，大门达到开启位置。反之，当合上关门开关时，电动机带动绞盘使大门关闭，从而可以实现大门远距离开闭自动控制。系统方框图如附图 1-1 所示。

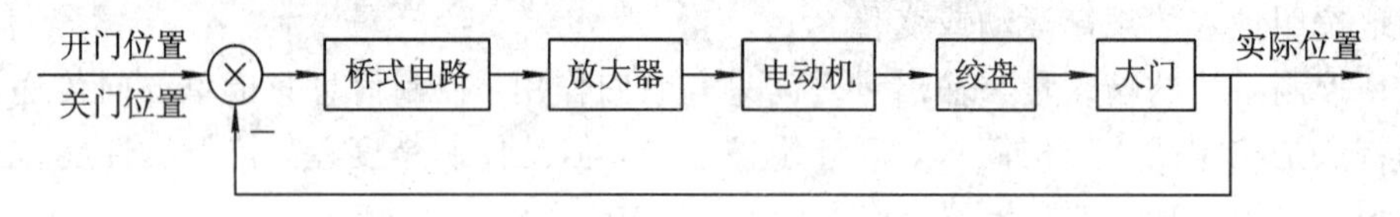

附图 1-1 题 1-8 系统方框图

1-9 系统工作原理：人工转动滑臂 θ_r，使指令电位器输出 U_r，工作机械(负载)的角位移 θ_c 由反馈电位器 RP_2 检测，并转换为反馈电压 U_c，两电位器接成桥式电路。当工作机械所处位置的偏转角 θ_c 与给定角度 θ_r 有偏差时，桥式电路的输出电压为 $\Delta U = U_r - U_c$。当指令电位器和反馈电位器的滑动触点都处于左端，即 $x_r = x_c = 0$ 时，$\Delta U = U_r - U_c = 0$，此时，放大器无输出，直流伺服电动机不转，工作台静止不动，系统处于平衡状态。

当给出位置指令 θ_r 时，在工作台改变位置之前的瞬间，$\theta_c = 0$，则电桥输出为 $\Delta U = U_r - U_c = U_r - 0 = U_r$，该偏差电压经放大器放大后控制直流伺服电动机转动，直流伺服电动机通过齿轮减速器驱动工作机械转动。随着工作台的移动，工作台实际位置角度 θ_c 与给定位置角度 θ_r 之间的偏差逐渐减小，即偏差电压 ΔU 逐渐减小。当反馈电位器滑动触点的位置与指令电位器滑动触点的给定位置一致，即输出完全复现输入时，电桥平衡，偏差电压 $\Delta U = 0$，伺服电动机停转，工作台停止在由指令电位器给定的位置上，系统进入新的平衡状态。当给出反向指令时，偏差电压极性相反，伺服电动机反转，工作台左移，当工作台移至给定位置时，系统再次进入平衡状态，如果指令电位器滑动触点的位置不断改变，则工作台位置也跟着不断变化。

系统的方框图如附图 1-2 所示。

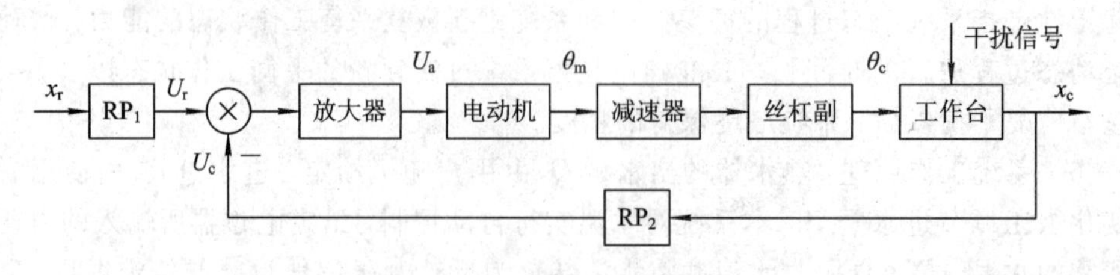

附图 1-2 题 1-9 系统方框图

习　题　2

2-1　(1) $\mathscr{L}[f(t)]=F(s)=\dfrac{5}{s}-\dfrac{5s}{s^2+16}$

(2) $\mathscr{L}[f(t)]=F(s)=\dfrac{1}{s+0.4}\cdot\dfrac{s}{s^2+64}$

2-2　若 $f(t)=\mathscr{L}^{-1}[F(s)]=\mathscr{L}^{-1}\left[\dfrac{5}{s(s+1)}\right]=\mathscr{L}^{-1}\left[\dfrac{5}{s}-\dfrac{5}{s+1}\right]=5-5\mathrm{e}^{-t}$

$$f(0)=5-5\mathrm{e}^{-t}\big|_{t=0}=0$$

2-7　根据放大器"虚短"和"虚断"的性质，有

$$I_{\mathrm{i}}(s)=\frac{U_{\mathrm{i}}(s)}{R_1+R_1\ /\!/\ \dfrac{1}{C_1s}}\cdot\frac{\dfrac{1}{C_1s}}{R_1+\dfrac{1}{C_1s}}$$

$$I_{\mathrm{o}}(s)=-\frac{U_{\mathrm{o}}(s)}{R_2+R_2\ /\!/\ \dfrac{1}{C_2s}}\cdot\frac{\dfrac{1}{C_2s}}{R_2+\dfrac{1}{C_2s}}$$

因为 $I_{\mathrm{o}}(\mathrm{s})=I_{\mathrm{i}}(s)$，所以传递函数为

$$\frac{U_{\mathrm{o}}(s)}{U_{\mathrm{i}}(s)}=\frac{R_2\left(\dfrac{1}{2}R_2C_2s+1\right)}{R_1\left(\dfrac{1}{2}R_1C_1s+1\right)}$$

2-8　应用阻抗法，有

$$\frac{U_{\mathrm{o}}(s)}{U_{\mathrm{i}}(s)}=R_2\cdot\frac{1}{R_1+\dfrac{1}{Cs}/\!/(Ls+R_2)}\cdot\frac{\dfrac{1}{Cs}}{\dfrac{1}{Cs}+(Ls+R_2)}$$

$$=\frac{R_2}{R_1LCs^2+(R_1R_2C+L)s+R_1+R_2}$$

2-12　(1) 通过结构图等效变换，可得

$$\frac{C(s)}{R(s)}=\frac{\dfrac{G_1(s)G_2(s)G_3(s)G_4(s)}{1+G_2(s)G_3(s)H_1(s)+G_3(s)G_4(s)H_2(s)}}{1+\dfrac{G_1(s)G_2(s)G_3(s)G_4(s)}{1+G_2(s)G_3(s)H_1(s)+G_3(s)G_4(s)H_2(s)}}$$

$$=\frac{G_1(s)G_2(s)G_3(s)G_4(s)}{1+G_2(s)G_3(s)H_1(s)+G_3(s)G_4(s)H_2(s)+G_1(s)G_2(s)G_3(s)G_4(s)}$$

(2) 用梅逊公式求解。一条前向通路：

$$P_1=G_1(s)G_2(s)G_3(s)G_4(s)$$

三个单独回路：

$$L_1=-G_2(s)G_3(s)H_1(s)$$
$$L_2=-G_3(s)G_4(s)H_2(s)$$
$$L_3=-G_1(s)G_2(s)G_3(s)G_4(s)$$
$$\Delta=1-(L_1+L_2+L_3),\quad \Delta_1=1$$

则

$$\frac{C(s)}{R(s)}=\frac{P_1\Delta_1}{\Delta_1}$$
$$=\frac{G_1(s)G_2(s)G_3(s)G_4(s)}{1+G_2(s)G_3(s)H_1(s)+G_3(s)G_4(s)H_2(s)+G_1(s)G_2(s)G_3(s)G_4(s)}$$

习　题　3

3-1　此控制系统处于欠阻尼状态，动态响应指标如下：

$$\omega_d=\omega_n\sqrt{1-\xi^2}=4\times\sqrt{1-0.5^2}=3.464\ \text{rad/s}$$
$$\varphi=\arctan\frac{\sqrt{1-\xi^2}}{\xi}=\arctan\frac{\sqrt{1-0.5^2}}{0.5}=1.047$$
$$t_r=\frac{\pi-\varphi}{\omega_d}=\frac{3.14-1.047}{3.464}=0.6\ \text{s}$$
$$t_p=\frac{\pi}{\omega_d}=\frac{3.14}{3.464}=0.91\ \text{s}$$
$$\sigma\%=e^{-\frac{\xi\pi}{\sqrt{1-\xi^2}}}\times100\%=e^{-\frac{0.5\times3.14}{\sqrt{1-0.5^2}}}\times100\%=16.6\%$$
$$t_s\approx\frac{3}{\xi\omega_n}\approx\frac{3}{0.5\times4}=1.5\ \text{s}$$

3-2　由 $\sigma\%=e^{-\frac{\xi\pi}{\sqrt{1-\xi^2}}}\times100\%=20\%$，得

$$\xi=0.6$$

由 $t_p=\frac{\pi}{\omega_d}=1$ s 和 $\omega_d=\omega_n\sqrt{1-\xi^2}$，得

$$\omega_n=3.2\ \text{rad/s}$$

由系统结构图，得

$$G(s)=\frac{K}{s^2+(1+KK_h)s+K}$$

对比标准式

$$G(s)=\frac{\omega_n^2}{s^2+2\xi\omega_n s+\omega_n^2}$$

有

$$K=\omega_n^2,\quad 1+KK_h=2\xi\omega_n$$

因此

$$K=10.24,\quad K_h=1.18$$

3-3　$C(s)=6\times\left(\frac{1}{s}-\frac{1}{s+0.3}\right)=6\times\frac{0.3}{s(s+0.3)}=6\times\frac{1}{\frac{1}{0.3}s+1}\cdot\frac{1}{s}$

$$=6\times\frac{1}{\frac{1}{0.3}s+1}\cdot R(s)$$

所以

$$T=\frac{1}{0.3}\ \mathrm{s}$$

$$t_s\approx 3T=10\ \mathrm{s}\quad（按\pm 5\%误差计）$$
$$t_s\approx 4T=13.3\ \mathrm{s}\quad（按\pm 2\%误差计）$$

3-4　(6) 列劳斯表

s^4	1	1	1
s^3	2	2	0
s^2	ε	1	
s^1	$\frac{2\varepsilon-2}{\varepsilon}$	0	
s^0	1		

第一列元素符号变化了两次，系统不稳定，且有两个正实部根。

3-5　$G'(s)=\dfrac{\frac{10}{s(s+1)}}{1+\frac{10}{s(s+1)}\cdot 2s}=\dfrac{10}{s^2+21s}$

$$G(s)=\frac{\frac{s+1}{s}\cdot\frac{10}{s^2+21s}}{1+\frac{s+1}{s}\cdot\frac{10}{s^2+21s}}=\frac{10s+10}{s^3+21s^2+10s+10}$$

特征方程为 $s^3+21s^2+10s+10=0$，列劳斯表

s^3	1	10
s^2	21	10
s^1	9.5238	0
s^0	10	

因为第一列全为正数，所以系统稳定。

3-6　特征方程为 $s^2+10s(K_n-1)+10=0$，列劳斯表

s^2	1	10
s^1	$10(K_n-1)$	0
s^0	10	

当 $10(K_n-1)=0$ 时，系统临界稳定，故 $K_n=1$。

3-7　由单位阶跃响应曲线，求得 $\sigma\%=30\%$，$t_p=0.1$ s，又由 $\sigma\%=e^{-\frac{\xi\pi}{\sqrt{1-\xi^2}}}\times100\%$，$t_p=\frac{\pi}{\omega_d}$，计算出系统参数 ξ 和 ω_n 的值分别为 $\xi=0.36$，$\omega_n=33.7$ rad/s。

二阶系统开环传递函数的标准形式为

$$G(s)=\frac{\omega_n^2}{s(s+2\xi\omega_n)}$$

代入 ξ 和 ω_n 的值，得

$$G(s)=\frac{46.8}{s(0.041s+1)}$$

3-8　当 $H(s)=1$ 时，有

$$E(s)=\frac{1}{1+\frac{10}{s+1}}R(s)=\frac{s+1}{s+11}\cdot\frac{1}{s}$$

稳态误差为

$$e_{ss}=\lim_{s\to0}sE(s)=\frac{1}{11}$$

当 $H(s)=0.1$ 时，有

$$E(s)=\frac{1}{H(s)}R(s)-C(s)=\frac{1}{H(s)}R(s)-\frac{G(s)}{1+G(s)H(s)}R(s)$$

$$=\frac{10(s+1)}{s(s+2)}$$

应用终值定理，计算得 $e_{ss}=5$。

3-9

$$E_{n1}(s)=-\frac{\frac{2}{s(s+1)}}{1+\frac{2}{s(s+1)}\cdot\frac{10}{0.1s+1}}\cdot\frac{1}{s}$$

$$E_{n2}(s)=-\frac{1}{1+\frac{10}{0.1s+1}\cdot\frac{2}{s(s+1)}}\cdot\frac{1}{s}$$

$$e_{ssn}=\lim_{s\to0}sE_n(s)=-\lim_{s\to0}s\left[E_{n1}(s)+E_{n2}(s)\right]$$

$$=0.1+0=0.1$$

3-10

$$e_{ss}=\lim_{s\to0}sE(s)=\lim_{s\to0}s\Phi_{er}(s)R(s)+\lim_{s\to0}s\Phi_{en}(s)N(s)$$

$$=\lim_{s\to0}s\cdot\frac{1}{1+G_1(s)G_2(s)H(s)}R(s)+\lim_{s\to0}s\cdot\frac{-G_2(s)H(s)}{1+G_1(s)G_2(s)H(s)}N(s)$$

$$=e_{ssr}+e_{ssn}$$

$$\lim_{s\to 0} s\Phi_{er}(s)R(s)=\lim_{s\to 0} s\frac{1}{1+\frac{10}{s+5}\cdot\frac{5}{3s+1}\cdot\frac{2}{s}}\cdot\frac{2}{s^2}=\frac{2}{11}$$

$$\lim_{s\to 0} s\Phi_{en}(s)N(s)=\lim_{s\to 0} s\frac{-\frac{5}{3s+1}\cdot\frac{2}{s}}{1+\frac{10}{s+5}\cdot\frac{5}{3s+1}\cdot\frac{2}{s}}\cdot\frac{0.5}{s}=\infty$$

$$e_{ss}=\frac{2}{11}+\infty=\infty$$

习　题　4

4－1　传递函数为

$$G(s)=\frac{C(s)}{R(s)}=\frac{36}{(s+4)(s+9)}$$

由解析法求得系统的频率响应为

$$G(j\omega)=\frac{1}{\left(1+j\frac{1}{4}\omega\right)\left(1+j\frac{1}{9}\omega\right)}$$

4－2　当 $r(t)=\sin 2t$ 时，

$$\Phi(s)=\frac{\frac{1}{s+1}}{1+\frac{1}{s+1}}=\frac{1}{s+2}$$

$$C(s)=\Phi(s)R(s)=\frac{1}{s+2}\cdot\frac{2}{s^2+4}=\frac{A}{s+2}+\frac{Bs+C}{s^2+4}$$

$$A=(s+2)C(s)\,|_{s=-2}=\frac{1}{4}$$

$C(s)$左右两边令 $s=0$，则

$$\frac{1}{4}=\frac{1}{8}+\frac{c}{4},\quad c=\frac{1}{2}$$

$C(s)$两边乘 s，令 $s\to\infty$，则

$$0=\frac{1}{4}+B,\quad B=-\frac{1}{4}$$

$$C(s)=\frac{1/4}{s+2}+\frac{-\frac{1}{4}s+\frac{1}{2}}{s^2+4}=\frac{1}{4}\ \frac{1}{s+2}-\frac{1}{4}\ \frac{s}{s^2+4}+\frac{1}{4}\ \frac{2}{s^2+4}$$

查拉氏变换表得

$$f(t)=\frac{1}{4}e^{-2t}-\frac{1}{4}\cos 2t+\frac{1}{4}\sin 2t\qquad t\geqslant 0$$

4－3　由

$$\angle G(j\omega)=-\arctan T=-\frac{\pi}{4}$$

得

$$T=0.6655\ \text{s}$$

由

$$A=|G(j\omega)|=\frac{K}{\sqrt{T^2\omega^2+1}}=\frac{12}{\sqrt{2}}$$

得

$$K=10.18$$

4－4　$G(s)=\dfrac{100}{s(0.2s+1)}$的幅相频率特性曲线如附图 4－1 所示。

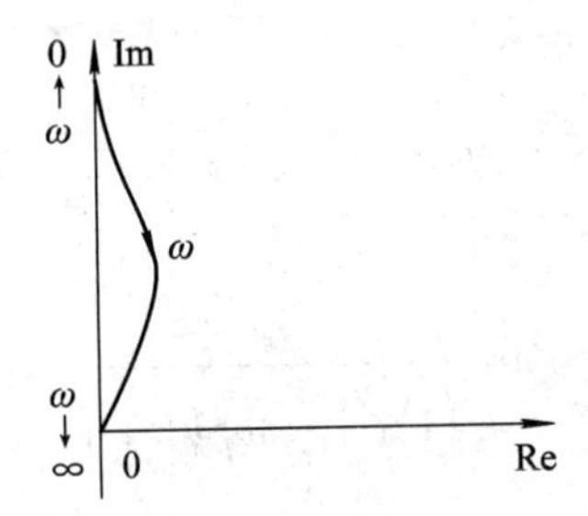

附图 4－1　题 4－4 的幅相频率特性曲线

4－5　(2) $G(s)=\dfrac{2}{(2s+1)(8s+1)}=2\times\dfrac{1}{8s+1}\times\dfrac{1}{2s+1}$

$$K=2,\quad \frac{1}{T_1}=\frac{1}{8}=0.125,\quad \frac{1}{T_2}=\frac{1}{2}=0.5$$

系统的开环对数频率特性曲线如附图 4－2 所示。

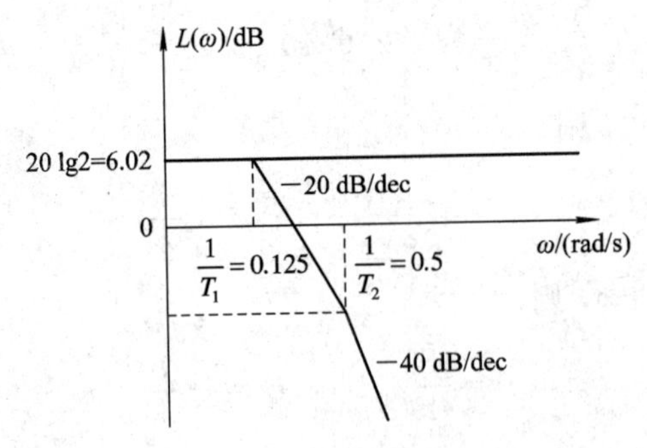

附图 4－2　题 4－5(2)系统的开环对数频率特性曲线

4－6　$G(s)=\dfrac{K}{(1+T_1 s)(1+T_2 s)}$是由一个放大环节和两个惯性环节串联而成的。其中第一个惯性环节的交接频率为 $1/T_1$，第二个惯性环节的交接频率为 $1/T_2$，由于 $T_1>T_2$，因此交接频率 $1/T_1<1/T_2$。

确定了各环节的交接频率后，即可着手在半对数坐标纸上绘制渐近对数幅频特性。第一步，画出放大环节的对数幅频特性，即画出对数幅值为 20 lg$K$ dB，且平行于频率轴的直线，该直线交纵轴于 A 点。第二步，找出过第一个交接频率 $1/T_1$ 且平行于纵轴的直线，与 20 lg$K$ 直线的交点为 B。第三步，因为 $1/T_1$ 是惯性环节的交接频率，而惯性环节的渐近幅频特性的高频渐近线的斜率为－20 dB/dec，所以，过 B 点作斜率为－20 dB/dec 的直线 BC，该直线与过第二个交接频率 $1/T_2$ 且平行于纵轴的直线相交于 C。第四步，因为在第二个惯性环节的交接频率 $1/T_2$ 之前，已经有一个惯性环节存在，所以，过 C 点应该作 2×(－20 dB/dec)，即－40 dB/dec 的直线 CD，这样得到的折线特性 $ABCD$ 便是该系统的开环渐近对数幅频特性，如附图 4－3 所示。图中折线特性 $ABCD$ 与零分贝线的交点频率称为剪切频率，用 ω_c 表示。

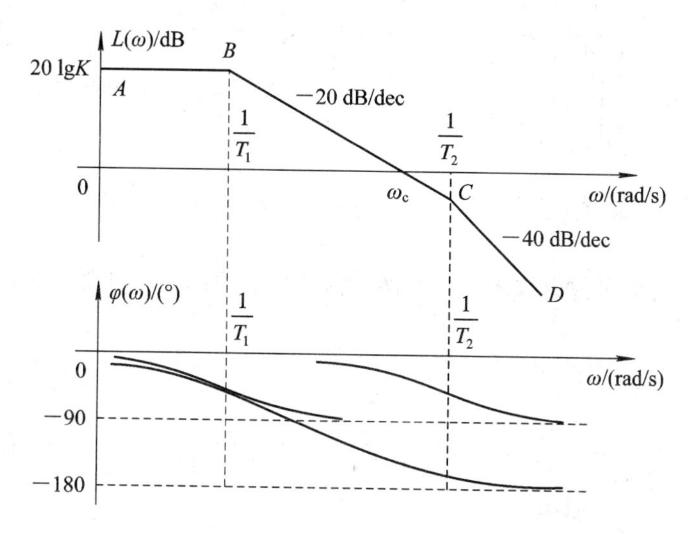

附图 4－3　题 4－6 系统的开环对数频率特性(伯德图)

该系统相频特性的绘制方法，是在半对数坐标纸上，分别画出两个惯性环节的相频特性，然后将这两个相频特性沿纵轴方向相加，相加后得到的特性曲线便是该系统的开环对数相频特性曲线(惯性环节的对数相频特性曲线可用自制的专用曲线板绘制)。

如果需要绘制精确的对数幅频特性曲线，则可以根据相应的交接频率处的误差值进行适当的修正，最后得到精确的对数幅频特性曲线。

4－7　系统的开环传递函数为 $G(s)=\dfrac{10(0.2s+1)}{s(2s+1)}$，将开环传递函数写成标准形式为

$$G(s)=10\times\frac{1}{s}\times\frac{1}{2s+1}\times(0.2s+1)$$

它包含四个典型环节：一个比例环节、一个积分环节、一个惯性环节和一个微分环节。

计算交接频率：微分环节的交接频率 $\omega_1=1/0.2=5$ rad/s，惯性环节的交接频率 $\omega_2=1/2=0.5$ rad/s。

对数幅频特性曲线的绘制：

因为 $K=10$，所以 $L(\omega)$在 $\omega=1$ 处的高度为 20 lg$K$＝20 lg10＝20 dB；系统含有一个积分环节，故其低频段斜率为－20 dB/dec。因此低频段的 $L(\omega)$为过 $\omega=1$、$L(\omega)=20$ dB 的点，且斜率为－20 dB/dec 的斜线。

在 $\omega_1=0.5$ 处，遇到了惯性环节，因此要将对数幅频特性曲线的斜率降低 20 dB/dec，成为−40 dB/dec 的斜线；在 $\omega_2=5$ 处，又遇到微分环节，将对数幅频特性曲线的斜率增加 20 dB/dec，于是 $L(\omega)$ 又成为斜率为−20 dB/dec 的斜线。因此该系统的对数幅频特性如附图 4-4 所示。

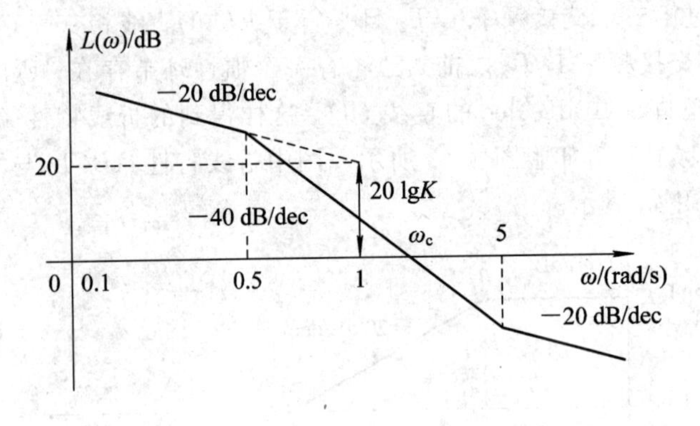

附图 4-4 题 4-7 系统的开环对数频率特性(伯德图)

4-10 开环传递函数由放大环节及两个惯性环节构成，时间常数分别为 $\frac{1}{0.1}=10$ s 和 $\frac{1}{100}=0.01$ s，则

$$G(s)=\frac{K}{(10s+1)(0.01s+1)}$$

由 $20\lg K=40$ dB，求得

$$K=100$$

所以开环传递函数为

$$G(s)=\frac{100}{(10s+1)(0.01s+1)}$$

4-11 开环传递函数的形式为

$$G(s)=\frac{K(\tau s+1)}{s^2(Ts+1)}$$

其中，$\frac{1}{\tau}=0.1$，$\frac{1}{T}=1$，则

$$\tau=10,\quad T=1$$

低频段可表达为

$$L(\omega)=20\lg\frac{K}{\omega^2}$$

由图得 $L(0.1)=20$ dB，则

$$K=0.1$$

因此所求传递函数为

$$G(s)=\frac{0.1(10s+1)}{s^2(s+1)}$$

4-12　由系统结构图，可得 $G(s)=\dfrac{10}{s(0.5s+1)(0.02s+1)}$，则

$$|j\omega_c(1+j0.5\omega_c)(1+j0.02\omega_c)|=10$$

$$\omega_c\sqrt{1+0.25\omega_c^2}\sqrt{1+0.0004\omega_c^2}=10$$

解得

$$\omega_c=4.69 \text{ 或 } \omega_c=4.24$$

当 $\omega_c=4.24$ 时，

$$\gamma=180°-90°-\arctan\omega_c T_1-\arctan\omega_c T_2=20.4°$$

当 $\omega_c=4.69$ 时，

$$\gamma=180°-90°-\arctan\omega_c T_1-\arctan\omega_c T_2=17.74°$$

由于 $0°-90°-\arctan0.5\omega_g-\arctan0.02\omega_g=-180°$，得

$$\omega_g=10\ \text{rad/s}$$

因此

$$A(\omega_g)=\left|\frac{10}{10j(1+j5)(1+j0.2)}\right|=\frac{1}{\sqrt{26}}$$

$$K_g=\frac{1}{A(\omega_g)}=\sqrt{26}=5.1$$

4-13　$$G'(s)=\frac{\dfrac{30}{s^2(0.1s+1)}}{1+\dfrac{30}{s^2(0.1s+1)}\times4s}=\frac{30}{s^2(0.1s+1)+120s}=\frac{30}{0.1s^3+s^2+120s}$$

$$G(s)=\frac{\dfrac{1500}{0.1s^3+s^2+120s}}{1+\dfrac{1500}{0.1s^3+s^2+120s}}=\frac{1500}{0.1s^3+s^2+120s+1500}$$

特征方程为

$$0.1s^3+s^2+120s+1500=0$$

列劳斯表

$$\begin{array}{lll} s^3 & 0.1 & 120 \\ s^2 & 1 & 1500 \\ s^1 & -30 & 0 \\ s^0 & 1500 & \end{array}$$

由第一列变号一次可知，该系统不稳定。

4-14　在调速系统的工程应用中，常常是固定的给定信号(阶跃信号)，电动机处于恒速转动的工作状态；而随动系统的控制是要求被控对象(如刀具、工作台等设备)随着所给控制信号的变化(速度信号)使电动机产生相应的角位移，其工艺要求随动系统有良好的跟随性。

4-15 低频段反映了系统的稳态性能(稳态误差)，主要特征量是系统的型别(积分环节的个数)以及开环增益。

中频段反映了系统动态性能的平稳性和快速性，主要特征量是超调量和调整时间(过渡过程时间)。

高频段反映了系统抗干扰信号影响的能力大小，主要特征量是稳定裕量。

习　题　5

5-5 系统的开环传递函数为

$$G(s)=\frac{\dfrac{14.4}{s(0.1s+1)}}{1+\dfrac{14.4}{s(0.1s+1)}K_{t}s}=\frac{14.4}{0.1s^{2}+(1+14.4K_{t})s}$$

则闭环传递函数为

$$\Phi(s)=\frac{144}{s^{2}+10(1+14.4K_{t})s+144}$$

与二阶系统传递函数标准式比较，得到

$$\omega_{n}=12\ \text{rad/s},\quad 2\xi\omega_{n}=10(1+14.4K_{t})$$

按题目要求 $\xi=1$，求得

$$K_{t}=\frac{\dfrac{2\times1\times12}{10}}{14.4}=0.097$$

习　题　6

6-3 转速单闭环控制电路的特点是：采用比例放大器，反馈控制系统是有静差的；被调量紧紧跟随给定量的变化；对包围在闭环中前向通道上的各种扰动有较强的抑制作用；反馈控制系统对给定信号和检测装置所产生的扰动无法抑制。

改变给定电压可以改变电动机的转速，因为这是系统的控制性的体现，也反映了被控对象对控制信号的跟随性。

如果测速机励磁发生变化，系统是没有克服这种扰动的能力的。

6-4 开环时，负载加重后，为了匹配加重的负载转矩，电动机电磁转矩也要增加，这样电动机电枢电流 I_{d} 增大，电枢回路压降增大许多，而由于输入不变，加在电动机电枢回路上的电压 U_{d} 没变，就使得电动机电枢上实际用于产生电磁转矩的电压减小，增大了转差率，从而电动机的转速明显下降。它的实质是电枢电流 I_{d} 增大，电动机自身的压降增加，转差率增大，导致电动机转速下降。

加入转速负反馈后，负载加重导致电动机转速瞬间下降，反馈电压也按比例减小，而给定电压不变，这样偏差电压 ΔU 增大，放大器的输出即控制电压 U_{k} 也增大，晶闸管整流电路的导通时间增加，使得整流输出后加在电动机电枢回路上的电压 U_{d} 增大，电枢电流 I_{d} 和电磁转矩都得以加强，从而使电机转速回升到比负载增加之前略低一些的速度上稳定运行。所以加入转速负反馈后能减少静态速降。

6-6　积分调节器具有积累作用、记忆作用、延缓作用。在转速负反馈控制系统中采用积分调节器，当调速系统的转速出现偏差时，偏差电压 $\Delta U_n>0$，U_c 就上升，电动机的转速也随之上升，从而使转速偏差减小。只要转速偏差存在，即 $\Delta U_n\neq0$，积分调节器就继续进行调节，一直至 $\Delta U_n=0$ 为止，系统保持恒速运行，从而得到无静差调速系统。

在转速单闭环调速系统中，当积分调节器的输入偏差电压 $\Delta U=0$ 时，输出电压是 $\Delta U=0$之前那一瞬间的输出值，也就是使电动机转速为设定输出值所对应的积分调节器输出值。此值取决于控制系统的结构和元器件参数。

参考文献

[1] 韩全立. 自动控制原理与应用. 西安：西安电子科技大学出版社，2006.
[2] 孔凡才. 自动控制原理与系统. 北京：机械工业出版社，2009.
[3] 冯存礼，王辉. 自动控制原理与系统. 北京：北京师范大学出版社，2007.
[4] 陈贵银. 自动控制原理与系统. 北京：北京理工大学出版社，2009.
[5] 张小慧. 自动控制工程基础及应用. 北京：高等教育出版社，2006.
[6] 陈伯时. 电力拖动自动控制系统. 北京：机械工业出版社，2003.
[7] 余成波. 自动控制原理. 北京：中国水利水电出版社，2005.
[8] 陈铁牛. 自动控制原理. 北京：机械工业出版社，2009.
[9] 刘娟. 自动控制原理与系统. 哈尔滨：哈尔滨工程大学出版社，2009.
[10] 黄忠霖. 新编控制系统 MATLAB 仿真实训. 北京：机械工业出版社，2013.
[11] 王永红，刘玉梅. 自动检测技术与控制装置. 北京：化学工业出版社，2006.
[12] 董爱华. 检测与转换技术. 北京：中国电力出版社，2007.
[13] 林青云. 自动控制原理. 北京：中国水利水电出版社，2005.